怎样经营好家庭鸡场

编著者

席克奇　王绍武

王凤羽　岳玉书

金盾出版社

内 容 提 要

本书主要介绍了怎样建设好家庭鸡场，在养鸡生产中怎样做好管理工作，怎样做好家庭鸡场的经济核算，怎样做好家庭鸡场的产品营销工作，养鸡关键性技术等方面内容。语言通俗易懂，简明扼要，注重实际操作。可供养鸡生产经营者及有关人员阅读参考。

图书在版编目(CIP)数据

怎样经营好家庭鸡场/席克奇等编著．—北京：金盾出版社，2008.3
ISBN 978-7-5082-4984-1

Ⅰ．怎… Ⅱ．席… Ⅲ．养鸡场-管理 Ⅳ．S831

中国版本图书馆 CIP 数据核字(2008)第 002044 号

金盾出版社出版、总发行
北京太平路 5 号(地铁万寿路站往南)
邮政编码：100036 电话：68214039 83219215
传真：68276683 网址：www.jdcbs.cn
封面印刷：北京精美彩色印刷有限公司
正文印刷：北京金盾印刷厂
装订：海波装订厂
各地新华书店经销
开本：787×1092 1/32 印张：9 字数：198 千字
2011 年 6 月第 1 版第 4 次印刷
印数：27001—31000 册 定价：17.00 元

前　言

近年来，随着我国农村产业结构的调整和有关"三农"政策的落实，家庭养鸡业得到了迅速发展。许多农民把养鸡作为脱贫致富的重要途径，涌现出一大批家庭鸡场，并逐步走上规模化养鸡的道路。但是，目前养鸡生产竞争激烈，过去的超额利润不复存在。受市场信息、产品价格、饲养技术、管理方法等诸多因素的影响，生产经营波折起伏。有些家庭鸡场经营得力，管理有方，技术到位，在市场竞争中稳步发展，获得了较大收益。相反，有些家庭鸡场受经营、管理、技术等诸多问题困扰，养鸡生产举步维艰。总结经验教训，给我们以启示：养鸡生产是农业生产的一部分，是微利经营的产业，但科技含量比较高，必须把生产技术与经营管理有机结合起来。其中：优良品种是鸡群高产的前提，生产技术是鸡群高产的保证，信息沟通是占有市场的条件，经营管理是获得赢利的关键。无论在哪一环节出现问题，都会给生产带来重大损失。因此，作为生产者，既要懂得生产技术，又要掌握各种信息，还要善于经营管理，这样才能使自已的家庭鸡场稳步发展。

为了满足家庭养鸡者对鸡场管理科学的需要，使养鸡生产向高产出、高效益、低消耗方向迈进，能够经得起市场经济的考验，并能在激烈的市场竞争中扩大生存发展的空间，获得更大的经济效益。编者总结目前国内各地家庭鸡场在生产中经营管理的成功经验，结合自己多年的工作体会，编写了《怎样经营好家庭鸡场》一书。

本书主要介绍了怎样建设好家庭鸡场，在养鸡生产中怎样做好管理工作，怎样做好家庭鸡场的经济核算，怎样做好家庭鸡场的产品营销工作，养鸡的关键性技术等方面内容。在写作上力求语言通俗易懂，简明扼要，注重实际操作，把家庭鸡场的经营管理与生产技术结合在一起。可供养鸡生产经营者及有关人员参考。

本书在编写过程中，曾参考一些专家、学者撰写的文献资料，因篇幅所限，未能一一列出，仅在此表示感谢。

本书特邀于秀芬老师审稿，在此致以诚挚的谢意。

编著者

2008 年 1 月

目　录

第一章　怎样建设好家庭鸡场

鸡场建设是养鸡生产的前提条件。创造良好的鸡场环境，对鸡群的疫病防治和生产性能的发挥至关重要，在生产中必须给予高度重视。

一、怎样选择好鸡场的场址和对鸡场合理布局

（一）鸡场的场址选择

场址的选择是建场养鸡的首要问题，它关系到建场工作能否顺利进行及投产后鸡场的生产水平、鸡群的健康状况和经济效益等。因此，选择场址时必须认真调查研究，综合考虑各方面条件，以便做出科学决策。当前，不少畜牧业发达地区，对养殖业在政策、资金、技术等方面给予大力支持。当地政府聘请专家对鸡场统一规划与设计，使鸡场建设更加科学、合理，避免了盲目建设和资金浪费，并有利于控制疫病，防止环境污染。

1. 建场时应考虑的自然条件

（1）地势　在平原地区建场，应选择地势高燥、平坦或稍有坡度的平地，坡向以南向或东南向为宜。这种场址阳光充足，光照时间长，排水良好，有利于保持场内环境卫生。在山区建场，既不能建在山顶，也不能建在山谷深洼地，应建在向阳的南坡上。山坡的坡度不宜超过15%～20%，建场区坡度

不宜超过1%～3%。

(2)地形　场地的地形直接影响本场生产的效率、基建的投资等。因此，场地要开阔有发展余地，地形要方正，不宜过于狭长。建筑物拉长不紧凑，道路、管道线路延长，投资也会相应增加，人员来往距离加大，影响工效。一般鸡场的场地面积应为建筑物面积的3～5倍。

(3)土质　场地的土质状况对环境温、湿度及空气卫生、鸡舍建筑物施工及投资、饲料作物及绿化树木的种植，以及鸡群健康状况都有密切关系。建场时要求场地地下水位低，土质透水、透气良好。这样的地势和土质可保持地面干燥，并适于建筑房舍。

(4)水源　鸡场用水比较多，每只成鸡每天的饮水量平均为300毫升左右。在炎热的夏季，饮水量增加，而鸡场的生活用水及其他用水又是鸡饮水量的2～3倍。因此，鸡场必须要有可靠、充足的水源，并且位置适宜，水质良好，便于取用和防护。最理想的水源是不经处理或稍加处理即可饮用，要求水中不含病菌和病毒，无臭味或其他异味，水质澄清。地面水源包括江水、河水、湖水、塘水等，其水量随气候和季节变化较大，有机物含量多，水质不稳定，多受污染，使用时须经过处理。大型鸡场最好自辟深井利用地下水源，深层地下水水量较为稳定，并经过较厚的土层过滤，杂质和微生物较少，水质洁净，但所含矿物质较多。有条件时可进行水质分析，看其是否符合卫生要求(可参照人的饮水卫生标准)。

2. 建场时应考虑的社会条件

(1)位置　鸡场场址位置的确定要考虑周围居民、工厂、交通、电源及用户等各种条件。原则上要少占或不占耕地，尽量利用缓坡、丘陵。

第一，建场要远离重工业工厂和化工厂。这些工厂排放的废水、废气中含有重金属及有害气体，烟尘及其他微细粒子也大量存在于空气中。若鸡场建在这些工厂区域，使鸡群长期处于公害严重的环境之中，产品有安全隐患，对生产极为不利。

第二，建场要远离铁路、公路干线及航运河道。为尽量减少噪声干扰，使鸡群长期处于比较安静的环境中，鸡场应距铁路 1 000 米以上，距公路干线、航运河道 500 米以上，距普通公路 200～300 米。

第三，建场要远离居民区。为保护居民生活环境卫生和鸡场防疫，鸡场不要建在村庄内或自家院子里，一般应距村庄 500 米以上。种鸡场要远离城市，最好在 15 千米以外；商品蛋鸡场虽然需靠近消费者，但也不能离城市太近，可在 3～5 千米以外。

此外，新建的大规模鸡场与其他禽场距离最好不少于 5 千米。

(2)交通　鸡场饲料、产品以及其他生产物质等的进出需要大量的运输能力，因此要求交通方便，路基坚固，路面平坦，排水性好，雨后不泥泞，以免车辆颠簸造成蛋的破损。

(3)电源　电源是否充足、稳定，也是鸡场必须考虑的条件之一。孵化、喂料、给水、清粪、集蛋、人工照明以及采温换气等均需要有稳定可靠的电源，特别是舍内养鸡要保证电源的绝对可靠，最好有专用或多路电源，并能做到接用方便、经济等。如果供电无保障，鸡场应自备 1～2 套发电机，以保证场内供电的稳定性和可靠性。

(4)环境　为便于防疫，新建鸡场应避开村庄、集市、兽医站、屠宰场和其他鸡场，建场地区应无大的历史疫情，有良好的自然隔离条件。最好不要在旧鸡场上改建或扩建，以免遗留病源。

（5）建场面积　鸡场面积没有统一标准，依饲养鸡的类型、饲养方式、机械化程度不同而有一定差异。如种鸡场占地面积较大，商品鸡场占地面积较小。地面或网上平养，饲养密度小，占地面积大；笼养鸡饲养密度大，占地面积小。鸡场机械化程度高，饲养密度大，占地面积小；机械化程度低，饲养密度小，占地面积大。因此，在实际生产中，鸡场面积可根据饲养规模因地制宜。一般大型鸡场，若采取笼养饲养方式，其占地总面积应为建筑面积的 3～5 倍，每只鸡占地 1～1.3 平方米，如 10 万只商品蛋鸡场，包括育雏舍、育成鸡舍、成鸡舍、饲料加工车间及生活行政区等，可占地 10～13 公顷。

（二）鸡场内的布局

鸡场的性质、规模不同，建筑物的种类和数量也不相同。综合性鸡场，建筑物种类比较多，设施全面，各类鸡群相对集中；其缺点是不同类型、不同年龄的鸡在一个鸡场内，对鸡群疫情威胁相对较大。专业化养鸡场，应将不同类型鸡场分开，这样有利于防疫。目前，我国鸡场建设日趋专业化，特别是大型养鸡场，总场分设种鸡场、孵化厂、商品蛋鸡场等，各场都应单独建立，相互间要有一定距离。但综合性鸡场在中小型养鸡场中仍很普遍。

1. 鸡场建筑物的种类

（1）生产区　包括孵化室、育雏舍、育成鸡舍和成鸡舍等。

（2）生产辅助区　饲料加工车间、蛋库、兽医室、隔离室、焚化炉、消毒更衣室、锅炉房、供电房、车库和鸡粪处理场等。

（3）生活区　包括食堂、宿舍等。

(4)行政管理区　包括办公室、技术室、化验室、接待室、财务室、门卫值班室等。

2. 鸡场内各类建筑物的布局

(1)场区布局的原则

第一,建筑物的分布要合理,以便有利于防疫。在确定建筑物布局时,要考虑到当地的自然条件和社会条件,如当地的主导风向(特别是夏、冬季的主导风向)、地势及不同年龄的鸡群,还要考虑到鸡群的经济价值等,为改善鸡群的防疫环境创造有利条件。

生产区要与行政管理区及生活区分开。因为行政管理人员与外来人员接触机会比较多,一旦外来人员带有烈性传染病病原,行政管理人员很可能成为中间传递者,将病原带进生产区。

鸡舍要与孵化室分开。孵化室内要求空气清洁、无病菌,而鸡舍周围的空气会受到一定程度的污染。如果鸡舍特别是成鸡舍距孵化室较近,受污染空气中的病原微生物就有可能乘机进入孵化器,对孵化雏鸡极为不利。

料道要与粪道分开。料道是饲养员从料库到鸡舍运输饲料的道路。粪道是鸡舍通向粪场的道路,病鸡、死鸡也通过粪道送到解剖室。料道与粪道不能混同使用,否则,一栋鸡舍有疫病就会传染全鸡场。

兽医室、隔离舍、焚烧炉等应设在生产区的下风向,鸡粪处理场应远离饲养区。

从人员的卫生及健康考虑,行政管理区的位置要设在生产区的上风向,地势也要高于生产区。在生产区内,按上、下风向设置孵化室、育雏舍、育成鸡舍和成鸡舍。鸡场内的各区域按风向、地势分布见图 1-1。

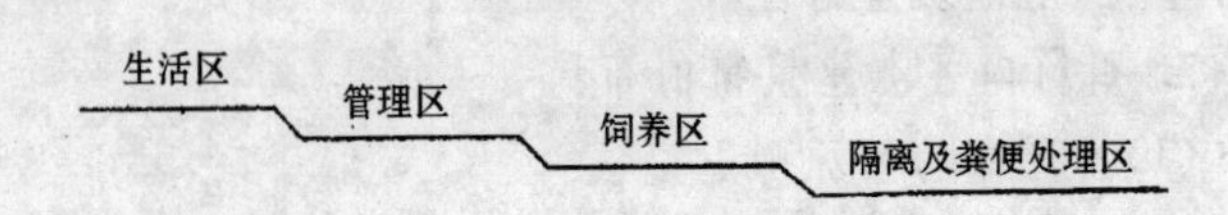

图 1-1　鸡场规划示意图

第二,要便于生产管理,尽量减小劳动强度。在安排鸡场内各建筑物布局时,要按其执行的功能安排在不同区域的有利位置。如生活区、行政管理区常与外界联系,应位于生产区的外侧,与场外通道相连,内侧应有围墙与生产区相隔;饲料库的位置,应在饲料耗用比较多的鸡群鸡舍附近,并靠近场外通道;锅炉房应靠近育雏区,以保证供温。在生产区内,需将各种鸡舍排列整齐,使饲料、粪便、产品、供水及其他物资的运输呈直线往返,尽量减少转弯拐角。

第三,要缩短道路的管线,减少生产投资。鸡场内道路、管线、供电线路的长短,设计是否合理,直接关系着建材的需用量。场内各建筑物之间的距离要尽量减短,建筑物的排列要紧凑,以缩短修筑道路、管线的距离,节省建筑材料,减少生产投资。

(2)鸡舍建筑配比　在生产区内,育雏舍、育成鸡舍和成鸡舍三者的建筑面积比例一般为 1∶2∶3。例如,某鸡场设计育雏舍 4 栋,育成鸡舍 8 栋,成鸡舍 24 栋,三者配置合理,使鸡群周转能够顺利进行。

(3)鸡舍的朝向　鸡舍的朝向是指鸡舍长轴上窗户与门朝着的方向。我国绝大部分地区处于北纬 20°～50°,太阳高度角冬季低,夏季高;夏季多为东南风,冬季多为西北风,因而南向鸡舍较为适宜。另外,根据当地的主导风向,采取偏东南向或偏西南向也可以。这种朝向的鸡舍，对舍内通风换气、排除污浊气体和保持冬暖夏凉等均比较有利。各地应避免建筑东、西朝向的鸡舍，特别是炎热地区，更应避免建筑西照太阳的鸡舍。

(4)鸡舍的间距　鸡舍的间距指两栋鸡舍间的距离。适宜的间距需满足鸡的光照及通风需求，有利于防疫并保证国家规定的防火要求。间距过大使鸡舍占地过多，加大基建投资。一般来说，密闭式鸡舍间距为10～15米；开放式鸡舍间距应根据冬季日照高度角的大小和运动场及通道的宽度来决定，一般为鸡舍高度的5倍左右。

(5)鸡场绿化　鸡场绿化(包括植树、栽草、种花等)可明显改善场区的小气候，美化环境，改变鸡场的自然风貌，还可以净化空气，减少污染。它是投资少、效果好、保护环境、改善环境的有效措施。

(6)鸡场内各区域分布　鸡场内各区域的分布既要有利于卫生防疫，又要照顾到相互之间的联系，以便有利于生产、有利于管理、有利于生活，在布局上着重考虑风向、地形和各种建筑物间的距离。

生产区是鸡场总体布局的中心主体，占整个鸡场面积的一半以上，其四周设置围墙，并有出入口以供人员进出及运送饲料、产品、粪便等。

生产区入口要设有消毒室和消毒池。消毒室和消毒池是生产区防疫体系的第一关，坚持消毒可减少由场外带进疫病的机会。地面消毒池的深度为30厘米，长度以车辆前后轮均能没入并能转动1周为宜。此外，车辆进场尚须进行喷雾消毒。进场人员要通过消毒更衣室，换上经过消毒的干净工作服、帽、靴，消毒室可设置消毒池、紫外线灯等。

在生产区鸡舍的设置，根据常年的主导风向，按孵化室、育雏舍、育成鸡舍和成鸡舍这一顺序排列，同类鸡舍并排建造，可以减少雏鸡发病机会并有利于鸡的转群。孵化室宜建在生产区的入口处，以便于雏鸡的运输和卫生防疫。料道与粪道尽量不交叉，可按梳状布置，以免传播污染物。

生产区与其他各区应保持一定的距离，距行政区和生产辅助区 100 米以上，与生活区相距 200 米以上。饲料加工车间、料库、蛋库设在鸡场大门与生产区进口之间，以便于防疫和利于内外转运。兽医室、隔离舍和焚化炉设在生产区的下风向，距鸡舍 150 米以上，并用围墙加以隔离。鸡粪处理场设在生产区以外下风向的远处，运粪车辆进入生产区必须经过消毒处理。

行政管理区位于生产区的上风向，外侧靠近公路并设置大门，内侧与生产区相连，以围墙相隔，但应距鸡舍 200 米以上。此外，生活区和行政管理区也应以相当的距离隔开。

蛋种鸡场的总体布局可参见图 1-2。

二、怎样建设好农村养殖小区

近年来，随着农村养殖业结构调整和产业化进程加快，不断涌现许多养殖小区，如养牛小区、养羊小区、养猪小区、养鸡小区等，从而提高了畜禽养殖规模化、标准化、产业化水平。但不少地方背离科学发展观，忽视全面、协调和可持续发展，急功近利，先污染后治理，建设规划不科学、防疫管理模式不合理，防疫措施不落实，加之畜禽饲养密度大，流动频繁，已成为畜禽疫病多发区，造成巨大的经济损失。为促进养殖业稳定发展，在养鸡小区建设中应注意以下问题。

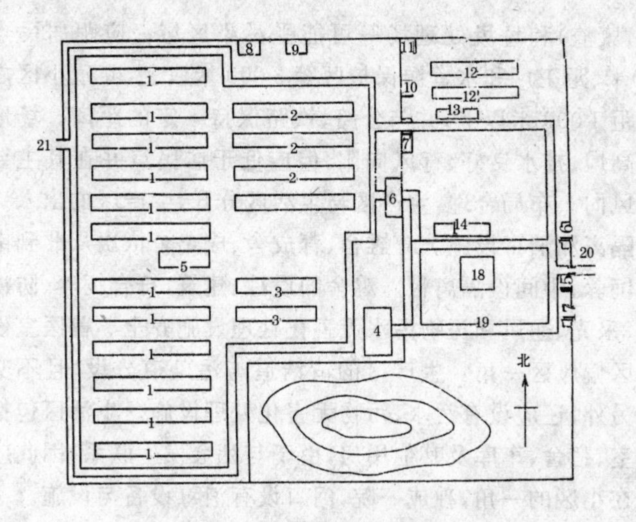

图 1-2 蛋种鸡场的总体布局

1. 种鸡舍 2. 育成鸡舍 3. 育雏舍 4. 孵化室
5. 人工授精室 6. 饲料库 7. 人员消毒更衣室和车辆消毒室
8. 病鸡隔离室 9. 兽医室 10. 水塔 11. 锅炉房 12. 职工宿舍
13. 食堂 14. 办公室 15. 门卫室 16. 车库 17. 发电室、配电室
18. 花坛 19. 场内道路 20. 消毒池 21. 道路

(一)提高认识,加强领导

养鸡小区对促进农业结构调整,促进养鸡生产进一步发展,帮助农民增收具有重要意义。而养鸡小区饲养密度大,养鸡户多,人员出入频繁,防疫风险大,一旦发生疫情,处理难度大,养殖户损失重,社会影响广。因此,要充分认识做好养殖小区防疫工作的特殊重要性,认真落实各项防疫措施。

(二)科学规划,严格审核

养鸡小区应建在生态环境良好、远离工业“三废”(废气、废水、废渣）和垃圾处理场等可能受污染区域。应距居民点1 000米、距工厂和水资源保护区等3 000米以上，养殖小区之间相距1 000米以上，并与公路、铁路保持一定的距离。场地地势高燥、排水良好、背风向阳，但应低于居民点并在其主导风下风向。布局合理，生产区与生活区分开，生产区的出入口设有隔离和消毒设施。育雏舍、育成舍、成鸡舍依次从北到南分开饲养，中间设隔离带。鸡舍的设计、建筑，符合饲养、防疫要求，采光、通风和污物污水无害化处理设施齐全。兽医室设在小区偏风区一角。生产区的清洁道与污染道分设，且不交叉。另外，还应设有污水、污物无害化处理设施。生活区包括办公室、宿舍、车库及其他用房，由于与社会发生联系，因此应安排在小区的一角，独成一院，门口设有消毒设备与设施。

各级动物防疫监督机构要切实把好动物防疫条件审核关，对养鸡小区动物防疫条件进行严格审核，符合条件的发给《动物防疫合格证》，不符合条件的，针对存在的隐患，提出整改意见，限期整改，并抄报地方政府。

（三）建立健全协作组织，统一协调养鸡生产

在养鸡小区，应成立养鸡协会或合作经济组织，对生产技术进行指导，对饲料、药品的采购、产品的销售及防疫进行协调。

（四）建立健全各项规章制度，规范养鸡生产

1. 强化养鸡小区统一管理 在小区建设上和生产中，要坚持统一规划设计、统一施工、统一引进种鸡、统一免疫、统一消毒、统一治疗、统一用药、统一无害化处理、统一销售，加强管理，切实提高综合控制动物疫病的能力。

2. 加强防疫制度建设 根据《中华人民共和国动物防疫

法》、《畜禽产地检疫规范》、《畜禽产品消毒规范》、《种畜禽调运检疫技术规范》、《畜禽病害肉尸及其产品无害化处理规程》以及《动物防疫条件审核管理办法》等有关的法规和标准规定，各养鸡小区要建立和完善疫情报告、检疫申报、疫病监测、防疫档案、引种调种、免疫接种、免疫标识、消毒、病死动物无害化处理、免疫效果评价、疫情监测登记报告、家禽传染病控制、用药用苗使用和管理、生产人员培训、日常操作规程等动物防疫管理制度，并在各类场所分别上墙明示，明确专人（包括行政责任人和技术责任人）负责监督落实。

3. 加强从业人员管理 养鸡小区从业人员应身体健康，并定期进行健康检查。配备与生产规模相适应的专职畜牧兽医技术人员，负责饲养技术管理、疫病防治、卫生消毒、兽药管理使用等工作，并做好饲养生产日志表、用药记录表、动物免疫登记表、引种记录表等各项日常生产记录。要实行群防群控，大力宣传疫病防控知识，定期对小区养鸡户开展养殖技术、疫病防治知识、相关法律法规政策等培训。发放技术资料，进行现场指导，提高养殖户的防疫意识、疫病防治能力和科学养殖水平。

4. 建立健全档案 养鸡小区要明确有人负责家禽防疫档案管理，每个饲养单元要建立规范的档案和记录，所有记录应保存 2 年以上。每批鸡都应有相应的每日资料记录，其内容包括养鸡品种、销售或淘汰情况、发病情况、死亡率及死亡原因、无害化处理情况、实验室检查及结果、用药、疫苗免疫种类及免疫时间、出售销售记录等情况。

5. 实行封闭式管理 养鸡小区要相对封闭，严格人员出入。对出入的人员、车辆等必须严格消毒，严格禁止外来人员与鸡群接触。新引进的鸡群必须按规定进行检疫。在养鸡小区内，各养鸡单元也要采取措施相对隔离，避免人员以及各类鸡群相互交叉接触。

三、怎样进行鸡舍的工艺设计

（一）鸡舍的类型

鸡舍因分类方法不同而有多种类型，如按饲养方式可分为平养鸡舍和笼养鸡舍，按鸡的种类可分为种鸡舍、蛋鸡舍和肉鸡舍，按鸡的生产阶段可分为育雏舍、育成鸡舍、成鸡舍，按鸡舍与外界的关系（或鸡舍的形式）可分为开放式鸡舍和密闭式鸡舍。除此之外，还有适应专业户小规模养鸡的简易鸡舍。鸡舍的类型见图1-3。

（二）各类鸡舍的特点

1. 半开放式鸡舍　半开放鸡舍建筑形式很多，屋顶结构主要有单斜式、双斜式、拱式、天窗式、气楼式等。

窗户的大小与地角窗设置数目，可根据气候条件设计。最好每栋鸡舍都建有消毒池、饲料贮备间及饲养管理人员工作休息室，地面要有一定坡度，避免积水。鸡舍窗户应安装护网，防止野鸟、野兽进入鸡舍。

这类鸡舍的特点是有窗户，全部或大部分靠自然通风、采光，舍温随季节变化而升降，冬季夜间用草帘遮上敞开面，以保持鸡舍温度，白天把草帘卷起来采光采暖。其优点是鸡舍造价低，设备投资少，照明耗电少，鸡只体质强壮。缺点是占地多，饲养密度低，防疫较困难，外界环境因素对鸡群影响大，蛋鸡产蛋率波动大。

鸡舍类型

- 按鸡舍形式分
  - 普通鸡舍
    - 开放式鸡舍
    - 半开放式鸡舍
  - 密闭式鸡舍
- 按机械化程度分
  - 半机械化鸡舍
  - 机械化鸡舍
  - 工厂化鸡舍
- 按饲养方式和设备分
  - 平养鸡舍
  - 笼养鸡舍
- 按鸡的种类分
  - 种鸡舍
  - 蛋鸡舍
  - 肉鸡舍
- 按鸡的生长阶段分
  - 育雏舍
  - 育成鸡舍
  - 成鸡舍
- 简易鸡舍
  - 组合式自然通风笼养鸡舍
  - 临时鸡舍
  - 旧房改造鸡舍

图 1-3　鸡舍的类型

2. 开放式鸡舍　这类鸡舍只有简易顶棚，四壁无墙或有矮墙，冬季用塑料薄膜围高保暖；或两侧和北面有墙，南面无墙，北墙上开窗。其优点是鸡舍造价低，炎热季节通风好，通风照明费用省。缺点是占地多，鸡群生产性能受外界环境影响大，疾病传播机会多。

3. 密闭式鸡舍　密闭式鸡舍一般是用隔热性能好的材料构造房顶与四壁，不设窗户，只有带拐弯的进气孔和排气孔，舍内小气候通过各种调节设备控制。这种鸡舍的优点是减少了外界环境对鸡群的影响，有利于采取先进的饲养管理技术和防疫措施，饲养密度大，鸡群生产性能稳定。其缺点是投资大、成本高，对机械、电力的依赖性大，日粮要求全价。

4. 平养鸡舍　这种鸡舍结构与平房相似，在舍内地面铺垫料或加架网栅后就地养鸡。其优点是设备简单，投资少，投产快。缺点是饲养密度低，清粪工作量大，劳动生产率低。

5. 笼养鸡舍　该鸡舍四壁与舍顶结构均可采用本地区的民用建筑形式，但在跨度上要根据所选用的设备而定（图1-4）。其特点是把鸡关在笼中饲养，因而饲养密度大，管理方便，饲料报酬高，疫病控制较容易，劳动生产率高。缺点是饲养管理技术严格，造价高。

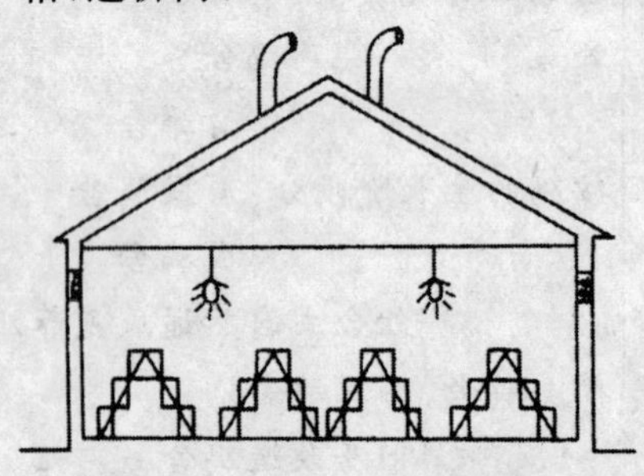

图 1-4　地面全阶梯式笼养鸡舍

6. 组合式自然通风笼养鸡舍　该鸡舍采用金属框架、夹层纤维板块组合而成（图 1-5）。鸡舍内吊装顶棚，水泥地面，鸡舍南北墙上部全部敞开为窗扇，形成与舍长轴同长的窗洞，下部为同样长的出粪洞口。粪洞口冷天封闭，上、下部洞孔之间设有侧壁护板。洞孔以复合塑料编织布做成内、外双层卷帘，以卷帘的启闭大小调节舍内气温和通风换气。其优点是鸡舍造价低，通风良好，舍内温、湿度基本平稳。

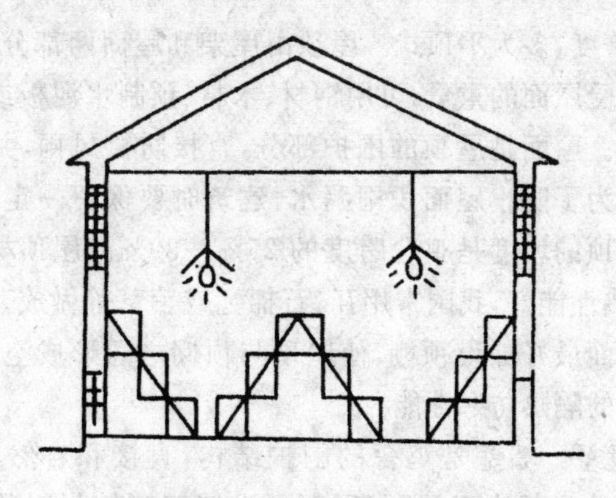

图 1-5　组合式自然通风鸡舍

(三)鸡舍各部位的结构要求

1. 屋顶　层顶的形状有多种，如单斜式、单斜加坡式、双斜不对称式、双斜式、平顶式、气楼式、天窗式、连续式等(图 1-6)，在目前国内养鸡场常见的主要是双斜式和平顶式鸡舍。一般跨度比较小的鸡舍多为双坡式，跨度比较大的鸡舍，

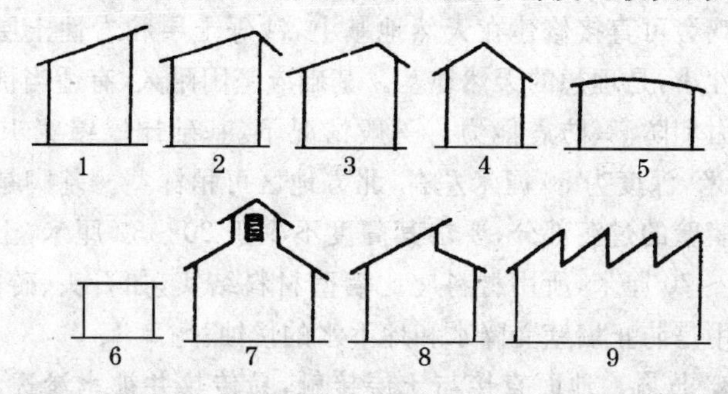

图 1-6　鸡舍屋顶的样式

1. 单斜式　2. 单斜加坡式　3. 双斜不对称式　4. 双斜式
5. 拱式　6. 平顶式　7. 气楼式　8. 天窗式　9. 连续式

如12米跨度，多为平顶式。屋顶由屋架和屋面两部分组成，屋架用来承受屋面的重量，可用钢材、木材、预制水泥板或钢筋混凝土制作。屋面是屋顶的围护部分，直接防御风雨，并隔离太阳辐射。为了防止屋面积雨漏水，建筑时要保留一定的坡度。双坡式屋顶的坡度是鸡舍跨度的25%～30%。屋顶材料要求保温、隔热性能好，我国常用瓦、石棉瓦或苇草等做成。双坡式屋顶的下面最好加设顶棚，使屋顶与顶棚之间形成空气层，以增加鸡舍的隔热防寒性能。

2. 墙壁 墙壁是鸡舍的围护结构，直接和自然界接触，其冬季失热量仅次于屋顶，因而要求墙壁建筑材料的保温隔热性能良好，能为舍内创造适宜的环境条件。此外，墙体尚起承重作用，其造价要占鸡舍总造价的30%～40%。墙壁建筑还要注意防水和便于洗刷和消毒。我国鸡舍一般采用24厘米厚的砖墙体，外面用水泥抹缝，内壁用水泥或白灰挂面，在墙的下半部挂1米多高的水泥裙。

3. 地基与基础 地基要求坚实、组成一致、干燥。一般小型鸡舍可直接修建在天然地基上，沙砾土层和岩性土层的压缩性小，是理想的天然地基。基础应坚固耐久，有适当抗机械能力和防潮、防震能力。一般情况下，基础比墙壁宽10～50厘米，深度为50厘米左右，北方地区可稍深些。基脚是基础和墙壁的过渡部分，要求其高度不少于20～30厘米，土墙为50～70厘米，所用材料应比墙壁材料结实，如石头、砖等，其作用是防止墙壁受降水和地下水的侵蚀。

4. 地面 地面直接与土层接触，易传热并被水渗透，其保温隔热性能对鸡舍内环境影响很大。因此，要求舍内地面高于舍外，并有较高的保温性能，坚实，不透水，便于清扫消毒。目前国内鸡舍常见的是水泥地面，其优点是便于管理和操作，缺点是传导散热多，不利于鸡舍保温。为增加地面的保温隔热性能，可采用复合式地面，即在土层上铺混凝土油毡防潮层，其上再铺空心砖，然后以水泥沙浆抹面。这种隔热地面虽然造价较高，但保温效果好。

5. 门、窗 门是进行工作的通道。设置门的位置及规格，既要有利于工作方便，又不能影响舍温的保持。一般在山墙上设门，门的大小应以舍内所有的设备及舍内工作的车辆便于进出为度。一般单扇门高 2 米，宽 1 米；两扇门，高 2 米，宽 1.6 米左右。寒冷地区应设置门斗，门斗的深度应为 2 米，宽度比门大 1～2 米。

窗的大小和位置直接关系到舍内光照情况，对通风和舍温的保持也有很大关系。开放式鸡舍的窗户应设在前后墙上，前窗应高大，离地面可低些，一般窗下框距地面 1～1.2 米，窗上框高 2～2.2 米，这样便于采光。窗户与地面面积之比，商品蛋鸡舍为 1∶10～15；种鸡舍为 1∶5～10。后窗应小些，约为前窗面积的 1/3～2/3，离地面可高些，以利于夏季通风。密闭式鸡舍不设窗户，只设应急窗和通风进、出气孔。

6. 鸡舍的跨度 鸡舍的跨度大小决定于鸡舍屋顶的形式、鸡舍的类型和饲养方式等条件。单坡式与拱式鸡舍跨度不能太大，双坡式和平顶式鸡舍可大些。开放式鸡舍跨度不宜过大，密闭式鸡舍跨度可大些；笼养鸡舍要根据安装鸡笼的组数和排列方式，并留出适当的通道后，再决定鸡舍的跨度。如一般的蛋鸡笼 3 层全阶梯浅笼整架的宽度为 2.1 米左右，若两组排列，跨度以 6 米为宜，3 组则采用 9 米，4 组必须采用 12 米跨度。平养鸡舍则要看供水、供料系统的多寡，并以最有效地利用地面为原则决定其跨度。目前，常见的鸡舍跨度为：开放式鸡舍 6～9 米，密闭式鸡舍 12～15 米。

7. 鸡舍的长度 鸡舍的长短主要决定于饲养方式、鸡舍的跨度和机械化管理程度等条件。平养鸡舍比较短，笼养鸡舍比较长。跨度6～9米的鸡舍，长度一般为30～60米；跨度12～15米的鸡舍，长度一般为70～80米。机械化程度较高的鸡舍可长一些，但一般不宜超过100米。否则，机械设备的制作与安装难度大，管理费用高。

8. 鸡舍高度 鸡舍的高度应根据饲养方式、清粪方法、跨度与气候条件而确定。若跨度不大、平养方式或在不太热的地区，鸡舍不必太高，一般鸡舍屋檐高度2.2～2.5米。跨度大、夏季气候较热的地区，又是多层笼养，鸡舍的高度为3米左右，或者最上层的鸡笼距屋顶1～1.5米为宜。若为高床密闭式鸡舍（图1-7），由于下部设有粪坑，高度一般为4.5～5米。

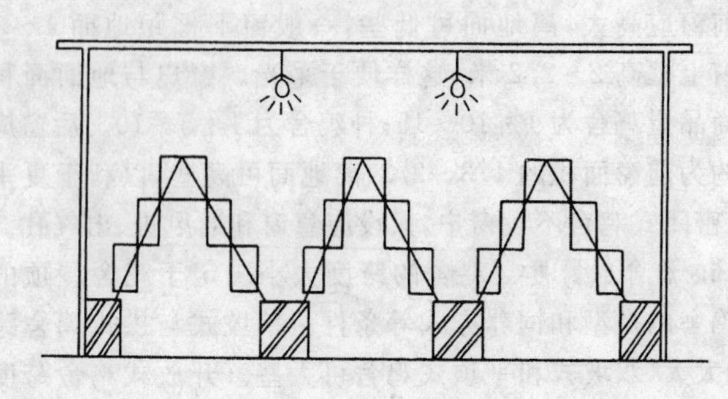

图1-7 高床密闭式鸡舍

9. 鸡舍内过道 鸡舍内过道是饲养员每天工作和观察鸡群的场所，过道的宽度必须便于饲养人员行走和操作。过道的位置，根据鸡舍的跨度而定。跨度比较小的平养鸡舍，过道一般设在鸡舍的一侧，宽度1～1.2米；跨度大于9米时，过道设在中间，宽度1.5～1.8米，以便于采用小车送料。笼养鸡舍无论跨度多大，过道位置依鸡笼的排列方式而定，一般鸡笼之间过道宽度为0.8～1米。

10. 鸡舍内间隔 为了减少建筑投资，并考虑舍内通风和便于饲养员观察鸡群，网上平养鸡舍最好用铁丝网间隔。铁丝网由角铁或铁丝横拉固定。一般来说，鸡舍跨度9米以内每两间一隔，12米跨度的3间一隔为自然间。笼养鸡舍不必隔间，否则，安装鸡笼或饲养员操作都不方便。

11. 操作间 操作间是饲养员进行操作和存放工具的地方。鸡舍长度不超过40米的，操作间可设在鸡舍的一端；若鸡舍长度超过40米，则操作间应设在鸡舍中央。

（四）几种鸡舍的具体设计

1. 开放式网上平养无过道鸡舍 这种鸡舍适用于育雏和饲养育成鸡及肉用仔鸡。鸡舍的跨度6～8米，南、北墙设窗。南窗高1.5米、宽1.6米，北窗高1.5米、宽1米。舍内用金属铁丝网隔离小自然间。每一自然间设有小门，供饲养员出入及饲养操作。小门的位置依鸡舍跨度而定，跨度小的设在鸡舍内南、北一侧，跨度大的设在中间。小门的宽度约1.2米。在离地面70厘米高处架设网片。

2. 密闭式高床网上平养双列单过道鸡舍 这种鸡舍适用于饲养种鸡及肉用仔鸡。鸡舍的跨度为12米。舍内为南北双列，中间设过道，用铁丝网每3间隔成一自然间。机械送料，水槽设在南、北墙自流饮水，产蛋箱设在中间过道的两侧，人工照明。因这种鸡舍为环境控制鸡舍，对电的依赖性比较大。

3. 开放式笼养双列三过道鸡舍 这种鸡舍一般多饲养蛋用种鸡，采用人工授精。鸡舍的跨度为6米，舍内放两列二阶梯或三阶梯鸡笼。南、北墙设窗，在窗的下面设通风口，冬天将通风口遮挡，夏季打开通风口，自然通风。人工饲养，也可机械送料、机械清粪。自然光照加人工补充光照。鸡舍的长度一般不超过60米。

4. 密闭式笼养四列五过道鸡舍 这种鸡舍为环境控制鸡舍或无窗鸡舍，适用于饲养商品蛋鸡。鸡舍的跨度为12米，长度不限。舍内放置四列三阶梯鸡笼，人工喂料或机械送料，机械通风，人工照明，人工拾蛋。

(五)鸡舍通风

1. 通风的作用

第一，鸡的代谢旺盛，鸡舍内易聚集一些不良气体，如氨气、二氧化碳、硫化氢等。当这种不良气体在舍内超过一定含量时，就会影响鸡群健康，甚至发生呼吸道疾病，降低其生产性能。通风可排除舍内的污浊气体，换进新鲜空气，有助于维持鸡群健康和生产性能的发挥。

第二，通风时，舍内不同部位的风压差可驱使静止的空气加速流动，以保证舍内环境状况均匀一致。

第三，在一定范围内，通风可调节舍内温度。如当舍内温度高于舍外时，开动风机可降低舍温。

第四，鸡的饮水、排泄、呼吸等可使舍内湿度增高，而过高的湿度会影响鸡群健康和生产性能。在鸡舍通风时，舍内外气体进行交换，舍内过多的水分被排出，从而降低了湿度。

第五，通风可排出一定量的舍内尘埃和毛管屑，从而有助于舍内环境的清洁卫生。

2. 通风量的计算

(1)查出每只鸡每小时平均必需换气量标准 不同年龄的蛋用型鸡，在不同环境温度下所需最大通风量见表1-1。

表 1-1　不同环境温度和体重的最大通风量（$米^3$/千克体重·时）

类　别	体　重（千克）	外界可能达到的最高温度下的换气量（$米^3$/时）		
		37℃	27℃	15℃
雏　鸡	—	7.5	5.6	3.75
育成鸡	1.15～1.18	7.5	5.6	3.75
产蛋鸡	1.35～2.25	9.35	7.5	5.6

(2)计算舍内需要换气量　用表 1-1 列出的不同年龄鸡每千克体重每小时换气量乘以鸡群平均体重，再乘以舍内鸡群容纳数量，即为舍内总需要换气量。例如，环境最高温度为 27℃左右，某栋鸡舍内容纳平均体重为 1.75 千克的产蛋鸡 5 000只，则该栋鸡舍需换气量为：7.5×1.75×5000＝65 625 立方米/时。

(3)确定风机的型号　风机的风扇直径及风机功率大小不同，每小时的换气量不同。在求出舍内总换气量后，根据每隔 4～5 米距离 1 台风机计算，确定风机的型号。

(4)确定进气口面积　进气口设在窗下或屋顶上，其进气口面积按 1 000 立方米/时换气量需 0.09 平方米进气口面积计算。若进气口有遮光装置，则增加到 0.12 平方米。

(5)通风量的控制　目前多采用全部风机分成若干组，如 24 台风机，每 3 台 1 组，共分 8 组，每组的通风换气量占总量的 12.5%，根据气候变化调整开风机的多少。最好设通风量风速调节器，根据季节及昼夜不同舍温进行变速调整。

3. 通风方式　鸡舍通风方式有 3 种，即自然通风、机械通风和辅助机械通风。

(1)自然通风　主要适用于开放式鸡舍和半开放式鸡舍。其优点是节省了通风设备的投资，缺点是通风量随外界条件变化而变化，不能根据需要进行调节和控制。

自然通风的动力是风力和温差。当自然界有风时，吹到鸡舍墙壁上，使迎风面的风压大于舍内气压，而同时背风面的气压小于舍内气压，这样空气通过开在迎风面的窗户（进气口）流入舍内，由背风面的窗户（出气口）流出，这就是风压通风。如果外界风力大，进气口面积大，则通风量大。

舍内养鸡时，舍内空气被鸡体加温变热变轻而上升，通过上部出气口排出舍外，舍外空气则由开设于鸡舍下部的进气口流入舍内。如为窗户，则窗上部为出气口下部为进气口。如舍内外温差大，通风口面积大，则通风量大。

鸡舍采取自然通风时，在设计上应注意以下几个问题。

第一，鸡舍跨度不宜超过 7 米，饲养密度不可过大。

第二，根据当地主风向，在鸡舍迎风面的下方设置进气口，背风面上部设排气口。

第三，为了更有效地进行通风，宜在鸡舍屋顶设置通风管。屋顶外通风管的高度为 60～100 厘米，其上安装防雨帽。通风管舍内部分的长度也不应小于 60 厘米。排风管内应安装调节板，可随时调节启闭，以控制风量。

第四，鸡舍各部位结构要严密，门、窗、排风管等应合理设置，启闭调节灵活，以免造成鸡舍局部区域出现低温、贼风等恶劣小气候环境。

(2)机械通风　主要适用于密闭式鸡舍和跨度较大的半开放式鸡舍，分正压通风、负压通风和正压、负压综合通风。

①正压通风　采用风机并且通至舍内的管道，管道上均匀开有送风孔。开动风机强制进气，使舍内空气压力稍高于舍外大气压，舍内空气则从排气孔排出。在多风和气候极冷极热地区，可把管道送风机设置在鸡舍屋顶（图 1-8）。这样

吸进来的空气可以经过预热或冷却和过滤处理再分配到舍内，最后污浊空气由墙脚的出风口排出。

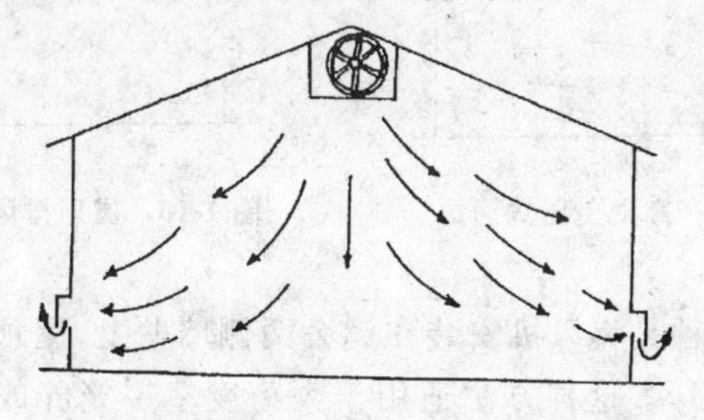

图 1-8　屋顶管道送风式通风

②负压通风　在排气孔安装通风机进行强制排气，使舍内空气压力稍低于舍外大气压，舍外空气则由进气孔自然流入。负压通风方式投资少，管理比较简便，进入舍内气流速度较慢，鸡体感觉较舒适。鸡舍采用负压通风时，风机的安排方式主要有以下 3 种。

第一种是将风机安装在鸡舍一侧墙壁下方，对侧墙壁上方为进风口，舍外空气由一侧进风口进入鸡舍与舍内空气混合，另一侧由风机排出舍内空气，气流形成穿堂式（图 1-9）。这种通风方式比较简单，但鸡舍跨度不得超过 10～12 米，如多栋并列鸡舍，需采取对侧排气，以避免一栋鸡舍排出的污浊气流进入另一栋鸡舍。

第二种是将风机安装在鸡舍屋顶的通风管内，两侧墙壁设置进风口（图 1-10）。这种方式适用于跨度较大的（12～18 米）多层笼养鸡舍，舍内污浊空气从鸡舍屋顶排出，舍外新鲜空气由两侧进风口自然进入舍内，在停电时可进行自然通风。

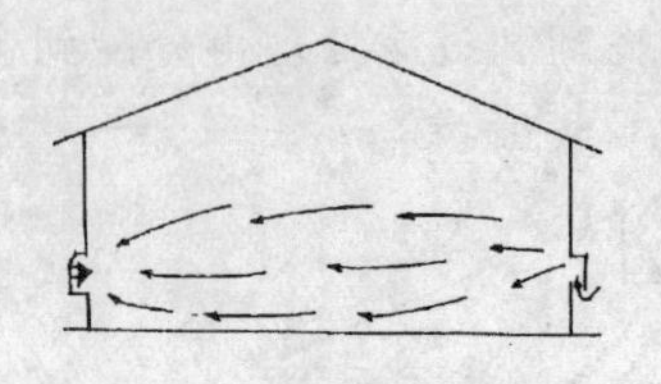
图 1-9　穿堂负压式通风

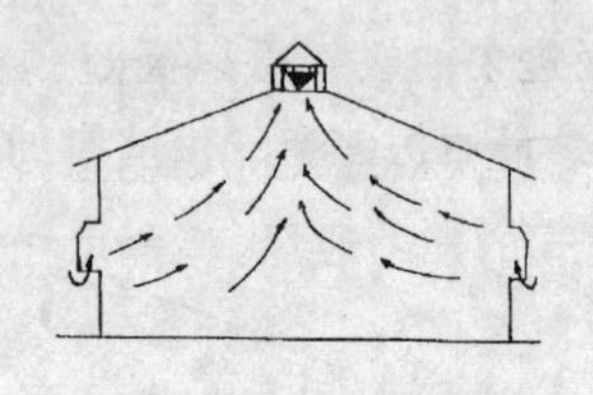
图 1-10　屋顶排风式通风

第三种是将风机安装在鸡舍两侧墙壁上，屋顶为进气孔(见图 1-11)。这种方法适用于大跨度多层笼养或高床平养鸡舍，有利于保温。

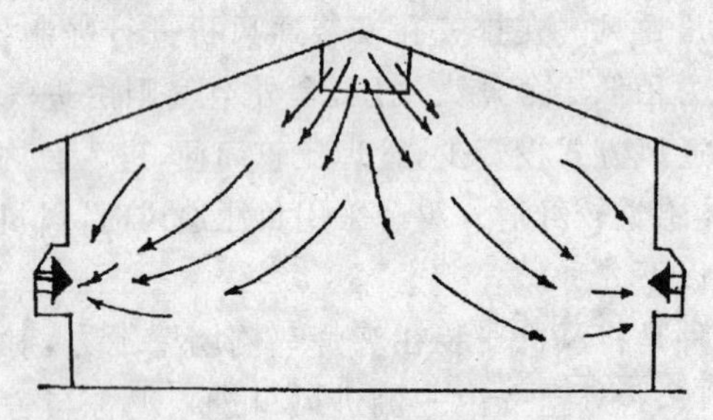
图 1-11　侧壁排风式通风

③综合通风　即采用进、排气相结合的综合机组同时进行排气和进气。此种方式多是专门的通风设备，在我国目前生产中尚不多见。

采用机械通风方式应注意出入门及应急窗要严密，风机和进出气口位置要合理，防止气流短路和气流直接送到鸡体。密闭式无窗鸡舍须设应急用窗，以备停电时采用自然通风。一般每 100 平方米使用面积要有 2.5 平方米应急用窗面积。

(3)辅助机械通风　在一般半开放式鸡舍内，高温无风天气时自然通风明显不足，因而可增设风机辅助通风。辅助机械通风方式主要有以下3种。

其一，将风机安装在鸡舍两侧山墙上，向舍内送风。这种方式的辅助通风，鸡舍长度与所选风机型号要恰当，使空气射流段长度能达到整个鸡舍。

其二，将风机吊装在鸡舍内中央过道上方，开动风机时可加速舍内空气的流动，将热量带走。

其三，将风机安装在鸡舍内一端笼架下，开动风机时可带走一部分鸡粪蒸发的水分，同时还有利于鸡体腹部散热。

辅助机械的通风量可按夏季通风量的1/3～1/2来考虑。

四、家庭鸡场的主要设备有哪些

（一）育雏设备

1. 煤炉 多用于地面育雏或笼育雏时的室内加温设施，保温性能较好的育雏室每15～25平方米放1只煤炉。煤炉内部结构因用煤不同而有一定差异，煤饼炉保温见图1-12。

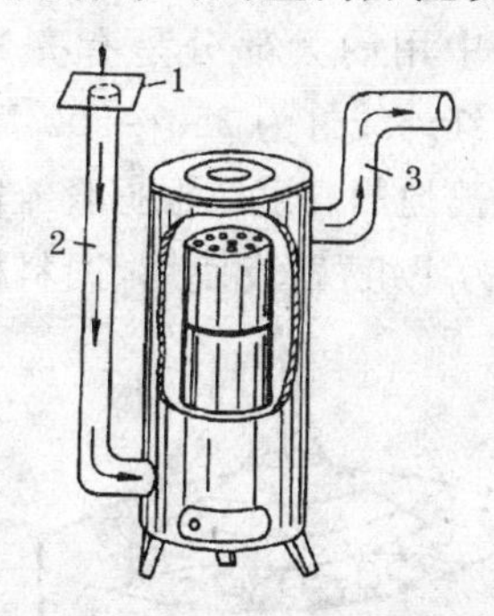

图1-12 煤饼炉保温示意图

1. 玻璃盖 2. 进气孔 3. 出气管

2. 保姆伞及围栏 保姆伞有折叠式和不可折叠式两种，不可折叠式又分方形、长方形及圆形等形状。伞内热源有红外线灯、电热丝、煤气燃料等，采用自动调节温度装置。

折叠式保姆伞（图1-13），适用于网上育雏和地面育雏。

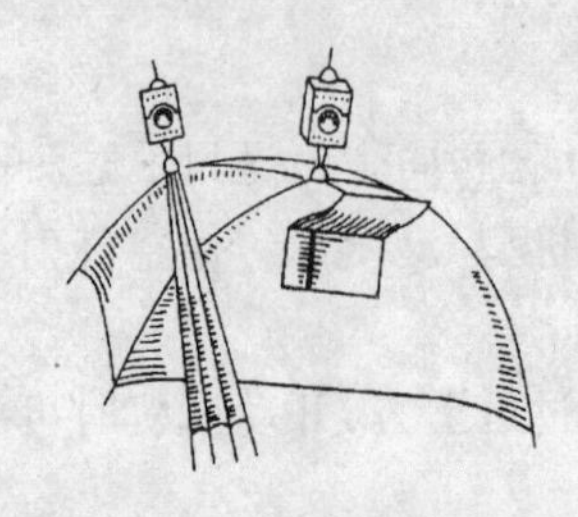

图 1-13　折叠式保姆伞

伞内用陶瓷远红外线灯加热，寿命长。伞面用涂塑尼龙丝纺成，保温耐用。伞上装有电子自动控温装置，省电，育雏率高。

不可折叠式方形保姆伞，长宽各为1～1.1米，高70厘米，向上倾斜45°角（图1-14），一般可用于250～300只雏鸡的保温。

一般在保姆伞外围还要用围栏，以防止雏鸡远离热源而受冷，热源离围栏75～90厘米（图1-15）。雏鸡3日龄后逐渐向外扩大，10日龄后撤离。

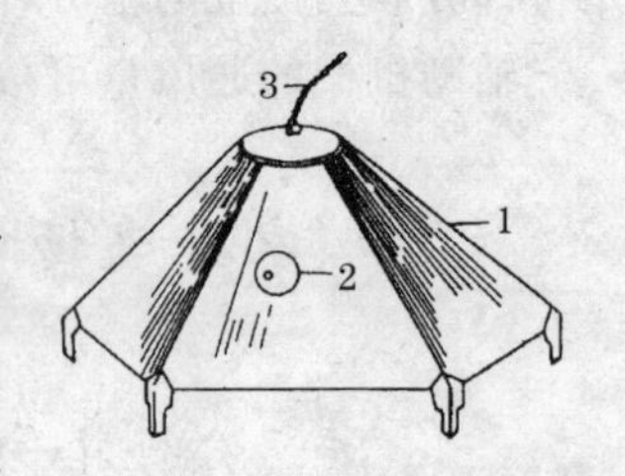

图 1-14　方形电热育雏伞

1. 保温伞　2. 调节器　3. 电热线

3. 红外线灯　红外线灯有亮光和没有亮光两种。目前，生产中用的大部分是有亮光的，每只红外线灯为250～500瓦，灯泡悬挂离地面40～60厘米处。离地的高度应根据育雏需要的温度进行调节。通常3～4只为1组，轮流使用，饲料槽（桶）和饮水器不宜放在灯下，每只灯可保温雏鸡100～150只。

图 1-15　保温伞外的围栏示意图

4. 断喙机　断喙机型号较多，其用法不尽相同。9QZ型断喙机（图1-16）是采用红热烧切，既断喙又止血，断喙效果好。该断喙机主要由调温器、变压器及上刀片、下刀口组成，它用变压器将 220 伏的交流电变成低压大电流(即 0.6 伏、180～200 安培),使刀片工作温度在 820℃以上,刀片红热时间不大于 30 秒,消耗功率 70～140 瓦,其输出电流的值可调,以适应不同鸡龄断喙的需要。

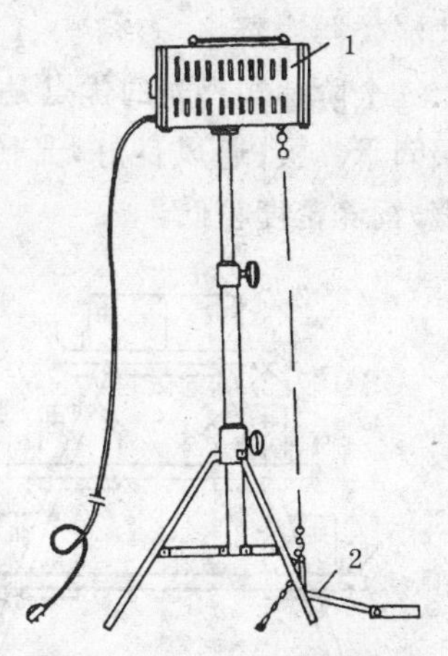

图 1-16　9QZ 型断喙机

1. 断喙机　2. 脚踏板

(二)笼养设备

1. 鸡笼的组成形式　笼养蛋鸡鸡笼组成主要有以下几种形式,即叠层式、全阶梯式、半阶梯式、阶梯叠层综合式(两重一错式)和单层平置式等,又有整架、半架之分。无论采用哪种形式都应考虑以下几个方面:有效利用鸡舍面积,提高饲养密度;减少投资与材料消耗;有利于操作,便于鸡群管理;各层笼内的鸡都能得到良好的光照和通风。

(1)全阶梯式　如图 1-17。上、下层笼体相互错开,基本上没有重叠或稍有重叠,重叠的长度最多不超过护蛋板的宽度。全阶梯式鸡笼的配套设备是:喂料多用链式喂料机或轨道车式定量喂料机,小型饲养多采用船形料槽,人工给料;饮水可采用杯式、乳头式或水槽式饮水器。如果是高床鸡舍,鸡粪用铲车在鸡群淘汰时铲除;若是一般鸡舍,鸡笼下面应设粪槽,用刮板

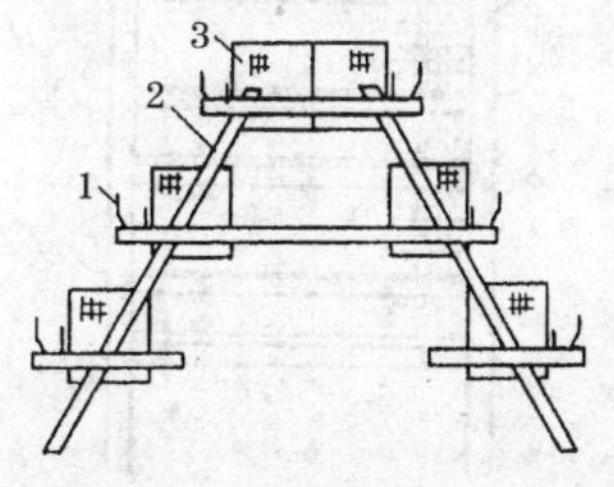

图 1-17　全阶梯式鸡笼

1. 饲槽　2. 笼架　3. 笼体

式清粪器清粪。

全阶梯式鸡笼的优点是鸡粪可以直接落进粪槽，省去各层间承粪板；通风良好，光照幅面大。缺点是笼组占地面较宽，饲养密度较低。

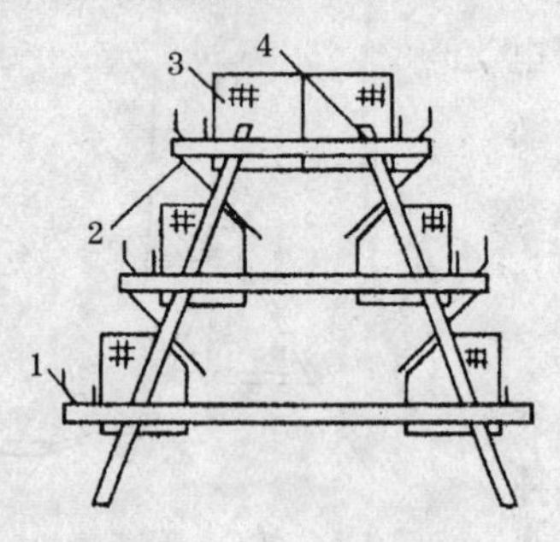

图 1-18 半阶梯式鸡笼

1. 承粪板 2. 饲槽 3. 笼架 4. 笼体

(2) 半阶梯式 如图 1-18。上、下层笼体部分重叠，重叠部分有承粪板。其配套设备与全阶梯式相同，承粪板上的鸡粪使用两翼伸出的刮板清除，刮板与粪槽内的刮板式清粪器相连。

半阶梯式笼组占地宽度比全阶梯式窄，舍内饲养密度高于全阶梯式，但通风和光照不如全阶梯式。

(3) 叠层式 如图 1-19。上、下层笼体完全重叠，一般为 3～4 层。喂料可采用链式喂食机，饮水可采用长槽式或乳头式饮水器，层间可用刮板式清粪器或带式清粪器，将鸡粪刮至每列鸡笼的一端或两端，再由横向螺旋刮粪机将鸡粪刮到舍外。小型的叠层式鸡笼可用抽屉式清粪器，清粪时由人工拉出，将粪倒掉。

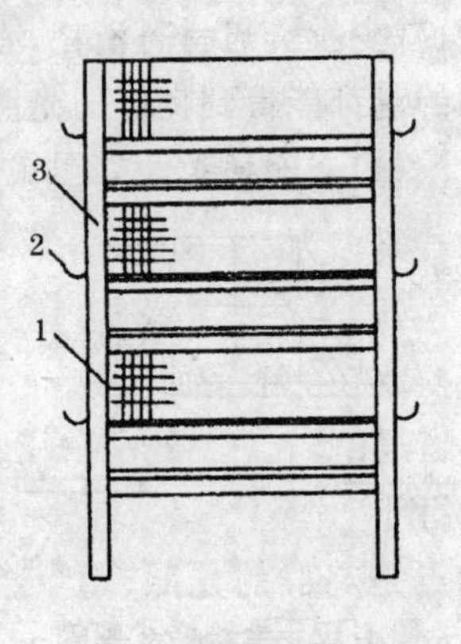

图 1-19 叠层式鸡笼

1. 笼体 2. 饲槽 3. 笼架

叠层式鸡笼的优点是能够

充分利用鸡舍地面的空间,饲养密度大,冬季舍温高。缺点是各层鸡笼之间光照和通风状况差异较大,各层之间要有承粪板及配套的清粪设备,最上层与最下层的鸡管理不方便。

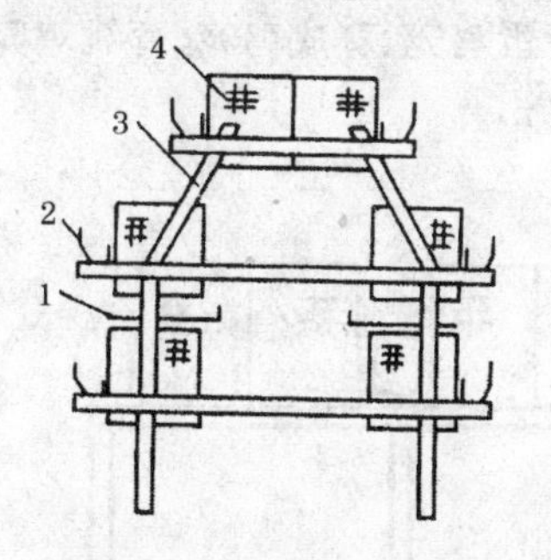

图 1-20　阶梯叠层综合式鸡笼

1. 承粪板　2. 饲槽　3. 笼架　4. 笼体

(4)*阶梯叠层综合式*　如图 1-20。最上层鸡笼与下层鸡笼形成阶梯式,而下两层鸡笼完全重叠,下层鸡笼在顶网上面设置承粪板,承粪板上的鸡粪需用手工或机械刮粪板清除,也可用鸡粪输送带代替承粪板,将鸡粪输送到鸡舍一端。配套的喂料、饮水设备与阶梯式鸡笼相同。

以上各种组合形式的鸡笼均可做成半架式(图 1-21),也可做成 2 层、4 层或多层。如果机械化程度不高,层数过多,操作不方便,也不便于观察鸡群。我国目前生产的鸡笼多为 2～3 层。

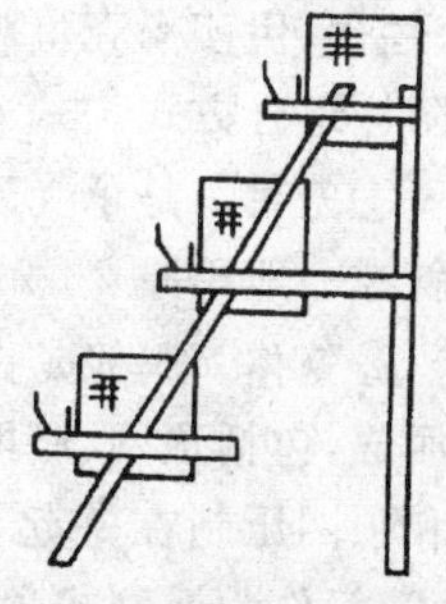

图 1-21　半架式鸡笼

(5)*单层平置式*　如图 1-22。鸡笼摆放在一个平面上,各层笼组之间不留通道,管理鸡群等一切操作全靠运行于鸡笼上面的天车来承担。其优点是鸡群的光照、通风比较均匀、良好,由于两行鸡笼之间共用一趟集蛋带、料槽、水槽,所以可节省设备投资。缺点是饲养密度小,两行笼共用一趟集蛋带,增加了蛋的碰撞,破损率较高。

2. 鸡笼的种类及特点 鸡笼因分类方法不同而有多种类型，如按其组装形式可分为阶梯式、半阶梯式、叠层式、阶梯叠层综合式和单层平置式；按鸡笼距粪沟的距离可分为普通式和高床式；按其用途可分为产蛋鸡笼、育成鸡笼、育雏鸡笼、种鸡笼和肉用仔鸡笼。

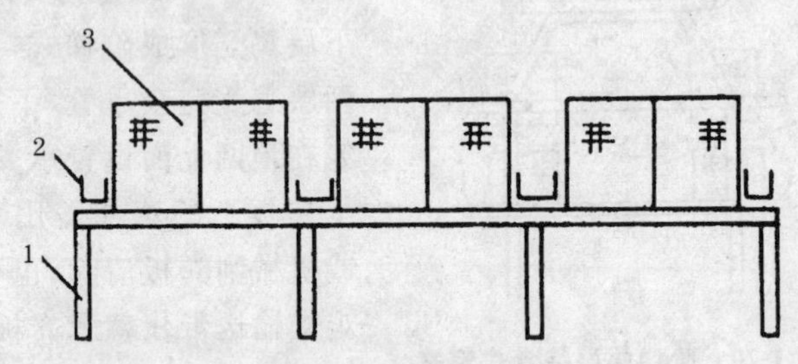

图 1-22 平置式鸡笼

1. 笼架 2. 饲槽 3. 笼体

(1)产蛋鸡笼 我国目前生产的蛋鸡笼有适用于轻型蛋鸡（如海兰白鸡、迪卡白鸡等）的轻型鸡笼和适用于中型蛋鸡（海兰褐、伊莎褐壳蛋鸡等）的中型蛋鸡笼，多为 3 层全阶梯或半阶梯组合方式。

①笼架 是承受笼体的支架，由横梁和斜撑组成。横梁和斜撑一般用厚 2～2.5 毫米的角钢或槽钢制成。

②笼体 鸡笼是由冷拔钢丝经点焊成片，然后镀锌再拼装而成，包括顶网、底网、前网、后网、隔网和笼门等。一般前网和顶网压制在一起，后网和底网压制在一起，隔网为单网片，笼门作为前网或顶网的一部分，有的可以取下，有的可以上翻。笼底网要有一定坡度（即滚蛋角），一般为 6°～10°，伸出笼外 12～16 厘米形成集蛋槽。笼体的规格，一般前高40～45 厘米，深度为 45 厘米左右，每个小笼养鸡 3～5 只。笼体结构见图 1-23。

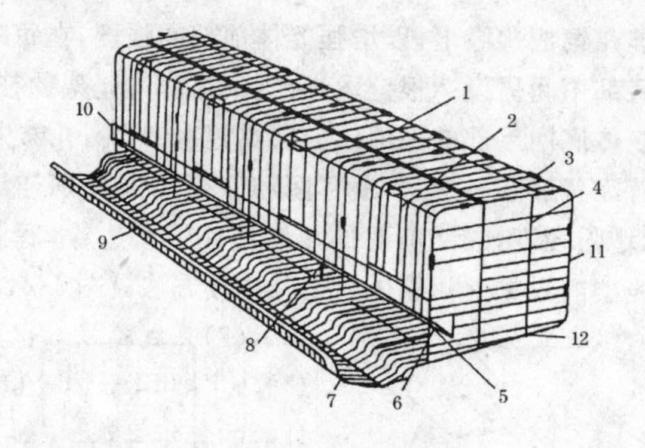

图 1-23　平置式鸡笼

1. 前顶网　2. 笼门　3. 笼卡　4. 隔网　5. 后底网
6. 护蛋板　7. 蛋槽　8. 滚蛋间隙　9. 缓冲板
10. 挂钩　11. 后网　12. 底网

③附属设备

A. 护蛋板：护蛋板为一条镀锌薄铁皮，放于笼内前下方，下缘与底网间距 5～5.5 厘米。间距过大，鸡头可伸出笼外啄食蛋槽中鸡蛋；间距过小，蛋不能滚落。

B. 料槽：料槽为镀锌铁皮或塑料压制的长形槽，安装在前网外面。料槽安装要平直，上缘要有回檐，防止鸡扒料。

C. 水槽：水槽是用镀锌铁皮或塑料制成的长形槽，形状多为“V”字或“U”字形，安装在料槽的上方。水槽安装更要平直，使每个鸡位的水深基本一致，不能有的鸡位无水而有的鸡位水过多而外溢。除长形水槽外，还有乳头式饮水器和杯式饮水器等。

④鸡笼整体安装　组装鸡笼时，先装好笼架，然后用笼卡固定连接各笼网，使之形成笼体。一般 4 个小笼组成 1 个大笼，每个小笼长 50 厘米左右，大笼长 2 米。组合成笼体后，中下层笼体一般挂在笼架突出的挂钩上，笼体隔网的前端有钢

丝挂钩挂在饲槽边缘上，以增强笼体前部的强度，在每一大笼底网的后部中间另设 2 根钢丝，分别吊在两边笼架的挂钩上，以增加笼体底网后部的强度。上层鸡笼由 2 个外形规格相同的笼体背靠背装在一起，2 个底网和 2 个隔网分别连成一个整体，以增强强度，隔网前面的挂钩挂住饲槽边缘，底网中间搁置在笼架的纵梁上。笼体与笼架挂接方法见图 1-24。

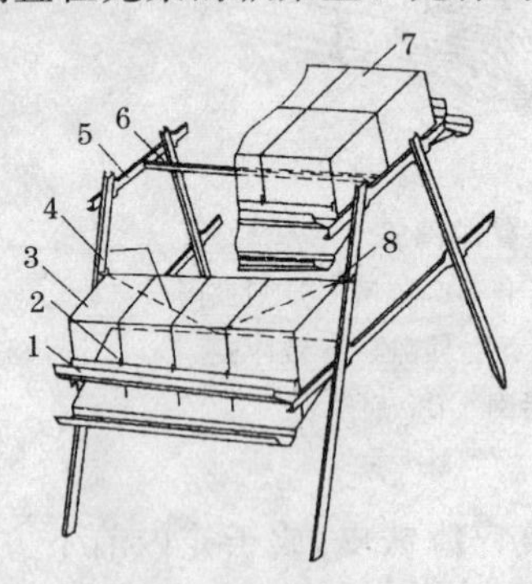

图 1-24　鸡 笼 架

1. 饲槽　2. 挂钩　3. 下层笼　4. 斜撑　5. 横梁　6. 纵梁　7. 上层笼　8. 笼架挂钩

(2)育成鸡笼　也称青年鸡笼，主要用于饲养60～140日龄的青年母鸡，一般采取群体饲养。其笼体组合方式多采用 3～4 层半阶梯式或单层平置式。笼体由前网、顶网、后网、底网及隔网组成。每个大笼隔成 2～3 个小笼或者不分隔，笼体高度为 30～35 厘米，笼深 45～50 厘米，大笼长度一般不超过 2 米。

(3)育雏鸡笼　适用于养育 1～60 日龄的雏鸡，生产中多采用叠层式鸡笼。一般笼架为 4 层 8 格，长 180 厘米，深 45 厘米，高 165 厘米。每个单笼长 87 厘米，深 45 厘米，高 24 厘米。每个单笼可养雏鸡 10～15 只。

9DYL-4 型电热育雏器(图 1-25)是 4 层叠层式鸡笼，由 1 组电加热笼、1 组保温笼和 4 组运动笼 3 部分组成。适于饲养 1～45 日龄蛋用雏鸡，饲养密度比平养提高 3～4 倍。可饲养 1～15 日龄雏鸡 1 400～1 600 只；16～30 日龄的雏鸡 1 000～1 200 只；31～45 日龄的雏鸡 700～800 只。外形规格为 4 500 毫米×1 450 毫米×1 727 毫米，占地 6.2 平方米。每层笼高 333 毫米，采用电加热器和自动控温装置以保持笼内的温度和湿度，适于雏鸡生长。调温范围为 20℃～40℃，控温精度小于±1℃，总功率为 1.95 千瓦。笼内清洁，防疫效果好，成活率可达 95%～99%。

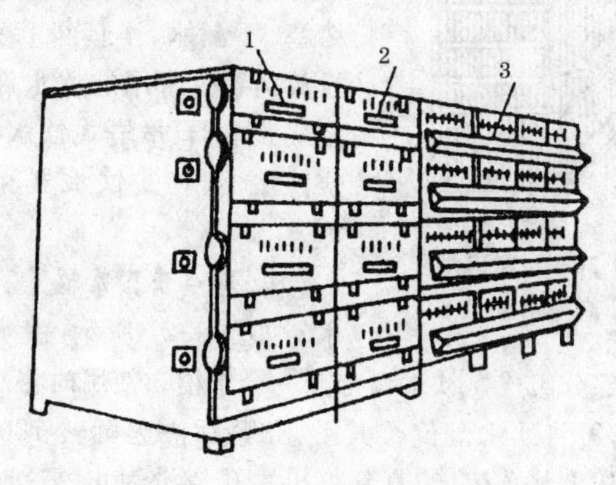

图 1-25　9DYL-4 型电热育雏器

1. 加热育雏笼　2. 保温育雏笼　3. 雏鸡活动笼

(4)种鸡笼　多采用 2 层半阶梯式或单层平置式。适用于种鸡自然交配的群体笼，前网高度 720～730 毫米，中间不设隔网，笼中公、母鸡按一定比例混养。适用于种鸡人工授精的鸡笼分为公鸡笼和母鸡笼，母鸡笼的结构与蛋鸡笼相同。公鸡笼中没有护蛋板底网，没有滚蛋角和滚蛋间隙，其余结构与蛋鸡笼相同。

(5)肉鸡笼　多采用层叠式，多用金属丝和塑料加工制成。目前以无毒塑料为主要原料制作的鸡笼，具有使用方便、节约垫料、易消毒、耐腐蚀等优点，特别是消除了胸囊肿病，价格比同类铁丝笼低 30%左右，寿命延长 2～3 倍(图 1-26)。

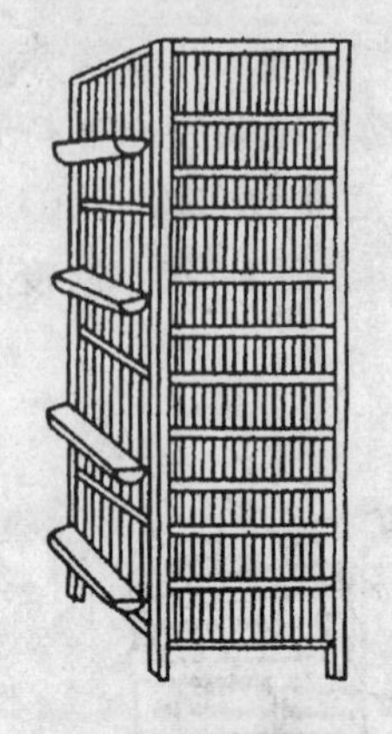

图 1-26 塑料肉用仔鸡笼示意图

(三)饮水设备

养鸡场的饮水设备是必不可少的,要求设备能够保证随时提供清洁的饮水,而且工作可靠、不堵塞、不漏水、不传染疾病、容易投放药物。常用的饮水设备有真空式饮水器、吊塔式饮水器、乳头式饮水器、杯式饮水器和长水槽等。

1. 真空式饮水器 真空式饮水器如图 1-27 所示,由水罐和饮水盘两部分组成。饮水盘上开一个水槽。使用时将水罐倒过来装水,再将饮水盘倒覆其上,扣紧后一起翻转 180°放置地面。水从出水孔流出,直到将出水孔淹没为止。这时外界空气不能进入水罐,使罐内水面上空产生真空,水就不再流出。当雏鸡从饮水盘饮去一部分水后,盘内水面下降,当水面低于出水孔时,外界空气又从出水孔进入水罐,使水罐内的真空度下降,水又自动流出,直到再次将出水孔淹没为止。这样,饮水盘中始终能保持一定量的水。真空饮水器如需吊挂使用,水槽与水盘需要用螺扣连接或用其他方式固定。

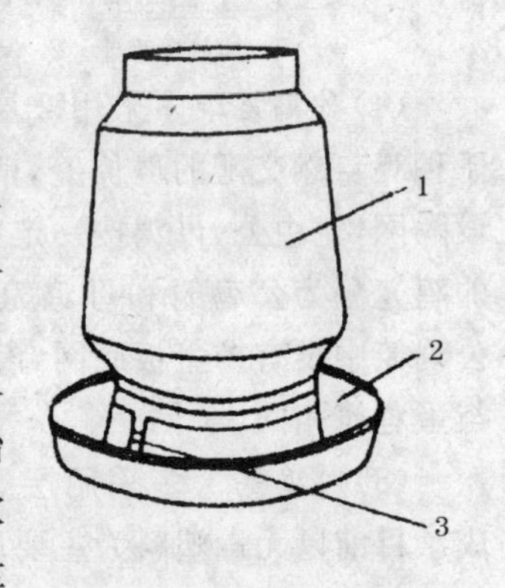

图 1-27 真空式饮水器

1. 水罐 2. 饮水盘 3. 出水孔

2. "V"字形或"U"字形长水槽　"V"字形长水槽多由镀锌铁皮制成。笼养鸡过去大多数使用"V"字形长水槽，但由于是金属制成，一般使用 3 年左右的水槽受腐蚀漏水，迫使更换水槽。用塑料制成的"U"字形水槽解决了"V"字形水槽腐蚀漏水的现象。"U"字形水槽使用方便，易于清洗，寿命长。

（1）常流水式长水槽　如图 1-28 所示，在水槽的一端安装 1 个经常开着的水笼头，另一端安装 1 个溢流塞和出水管，用以控制液面的高低。清洗时，卸下溢流塞即可。

（2）浮子阀门式长水槽　如图 1-29 所示，水槽一端与浮子室相连，室内安装一套浮子和阀门。当水槽内水位下降时，浮子下落将阀门打开，水流进水槽；当水面达到一定高度后，浮子重又将阀门关闭，水就停止流入。

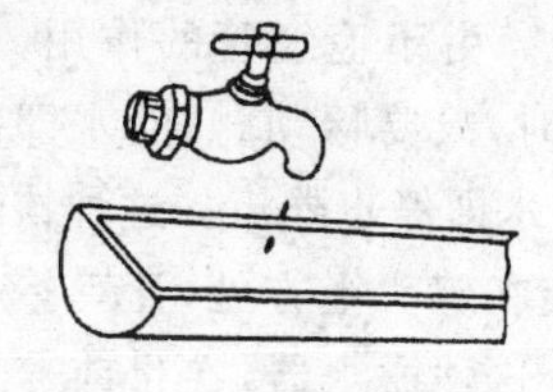

图 1-28　长流水式长水槽

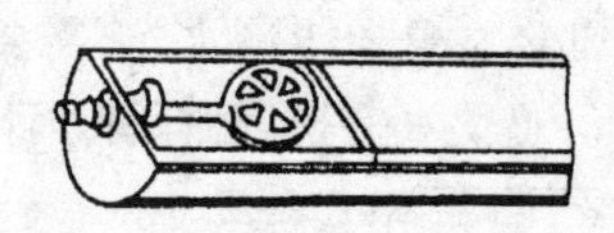

图 1-29　浮水阀门式长水槽

（3）弹簧阀门式长水槽　如图 1-30 所示，整个水槽吊挂在弹簧阀门上，利用水槽内水的重量控制阀门启闭。

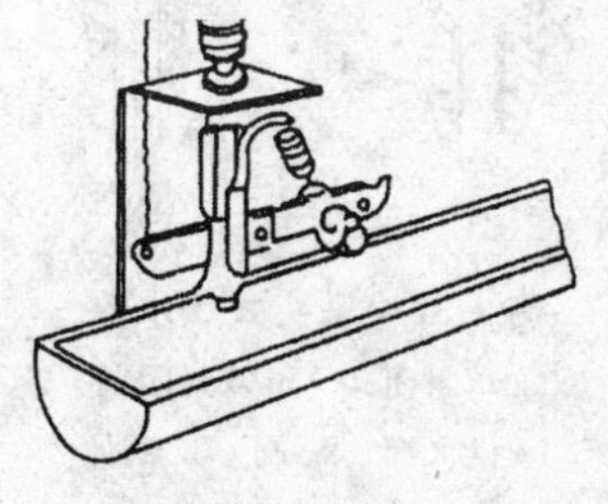

图 1-30　弹簧阀门式长水槽

3. 吊塔式饮水器　它吊挂在鸡舍内，不妨碍鸡的活动，多用于平养鸡，由饮水盘和控制机构两部分组成（图 1-31）。饮水盘是塔形的塑料盘，中心是空心的，边缘有环形槽供鸡饮水。控制出水的阀门体上端用软管和主水管相连，另一端用绳索吊挂在天花板上。饮水盘吊挂在阀门体的控制杆上，控制出水阀门的启闭。当饮水盘无水时，重量减轻，弹簧克服饮水盘的重量，使控制杆向上运动，将出水阀门打开，水从阀门体下端沿饮水盘表面流入环形槽。当水面达到一定高度后，饮水盘重量增加，加大弹簧拉力，使控制杆向下运动，将出水阀门关闭，水就停止流出。

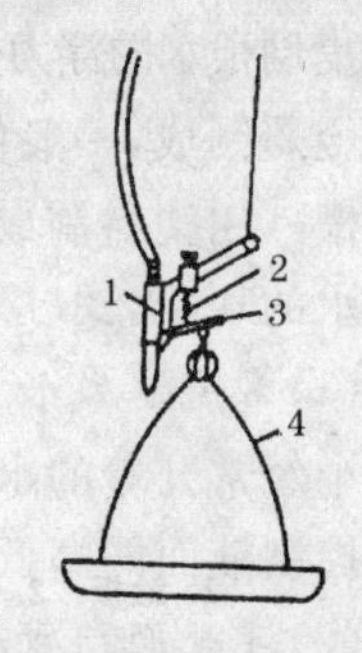

图 1-31　吊塔式饮水器

1. 阀门体　2. 弹簧
3. 控制杆　4. 饮水盘

4. 乳头式饮水器　由阀芯和触杆构成，直接同水管相连(图 1-32)。由于毛细管的作用，触杆部经常悬着 1 滴水，鸡需要饮水时，只要啄动触杆，水即流出。鸡饮水完毕，触杆将水路封住，水即停止外流。这种饮水器安装在鸡头上方处，让鸡抬头喝水。这种饮水器，在目前养鸡生产中使用较多，安装时要随鸡的大小变化高度，可安装在笼内，也可安装在笼外。每个小笼安 1 个，一般安装在靠近两个小笼交界处的外缘，以避免某一个小笼的饮水器发生故障而使笼内鸡饮不到水。

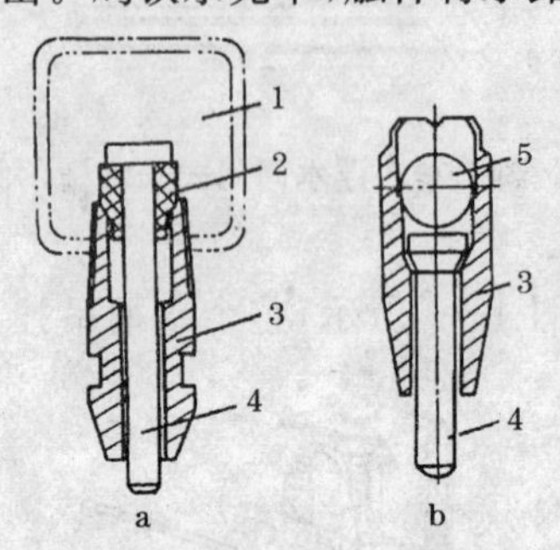

图 1-32　乳头式饮水器

a. 单封闭式　b. 双封闭式
1. 供水管　2. 阀　3. 阀体
4. 触杆　5. 球阀

5. 杯式饮水器　形状像一个小杯，与水管相连(图1-33)。杯内有一触板，平时触板上总是存留一些水，在鸡啄动触板时，通过联动杆即将阀门打开，水流入杯内。借助于水的浮力使触板恢复原位，水就不再流出。

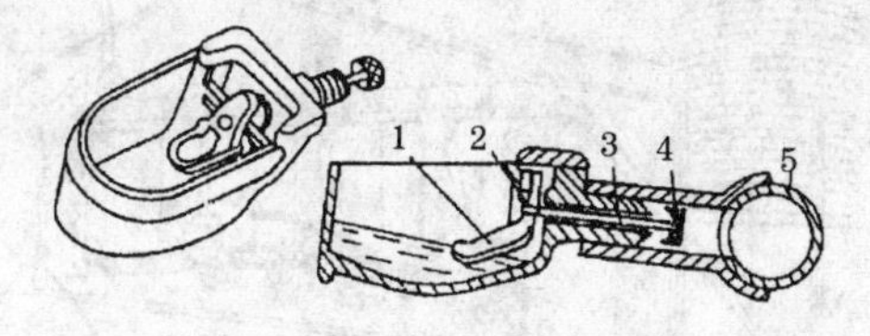

图 1-33　杯式饮水器

1. 触板　2. 板轴　3. 顶杆　4. 封闭帽　5. 供水管

(四)喂料设备

养鸡场的喂料设备包括贮料塔、输料机、喂料机和饲槽等。

1. 贮料塔　贮料塔一般用 1.5 毫米厚的镀锌薄钢板冲压组合而成，上部为圆柱形，下部为圆锥形，以利于卸料。贮料塔放在鸡舍的一端或侧面，里面贮装该鸡舍 2 天的饲料量，给鸡群喂食时，由输料机将饲料送往鸡舍内的喂料机，再由喂料机将饲料送到饲槽，供鸡自由采食。贮料塔的供料过程见图 1-34。

2. 输料机　生产中常见的有螺旋搅龙式输料机和螺旋弹簧式输料机等。螺旋搅龙式输料机的叶片是整体的，生产效率高，但只能作直线输送，输送距离也不能太长。因此，将饲料从贮料塔送往各喂料机时，需分成两段，使用两个螺旋搅龙式输料机。螺旋弹簧式输料机可以在弯管内送料，因此不必分成两段，可以直接将饲料从贮料塔底送到喂料机(图 1-34)。

3. 饲槽　饲槽是养鸡生产中的一种重要设备。因鸡的大小、饲养方式不同，对饲槽的要求也各异。但无论哪种类型的饲槽，均要求平整光滑，采食方便，不浪费饲料，便于清洗消

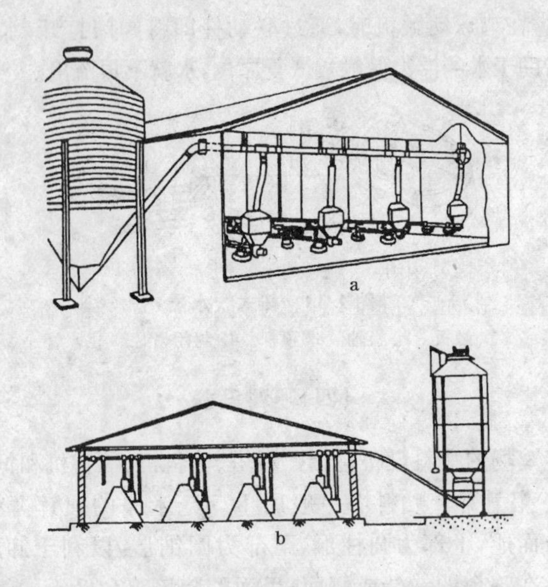

图 1-34　喂料设备

a. 用于平养　b. 用于笼养

毒。制作材料可选用木板、镀锌铁皮及硬质塑料等。

(1)开食盘　用于1周龄前的雏鸡，大都是由塑料和镀锌铁皮制成。用塑料制成的开食盘，中间有点状乳头，使用卫生，饲料不易变质和浪费。其规格为长54厘米，宽35厘米，高4.5厘米。

(2)船形长饲槽　这种饲槽无论是平养还是笼养均普遍采用。其形状和槽断面，根据饲养方式和鸡的大小而不尽相同(图1-35)。一般笼养产蛋鸡的料槽多为"凵"形，底宽8.5～8.8厘米，深6～7厘米(用于不同鸡龄和供料系统，深度不同)，长度依鸡笼而定。

(3)干粉料桶　其构造是由一个悬挂着的无底圆桶和一

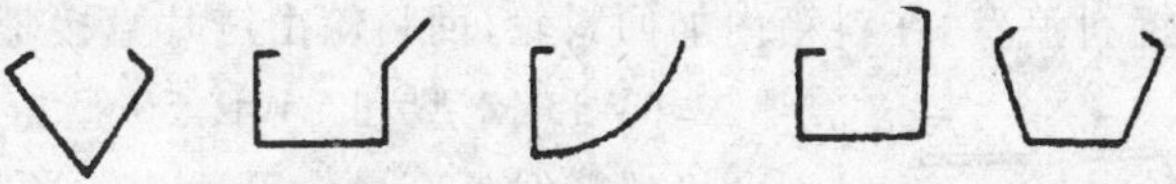

图 1-35　各种船形饲槽横断面

个直径比圆桶略大些的底盘相连，桶与底盘之间的距离可调节。料桶底盘的正中有一个圆锥体，其尖端正对吊桶中心（图 1-36），这是为了防止桶内的饲料积存于盘内。另外，为了防止料桶摆动，桶底可适当加重些。

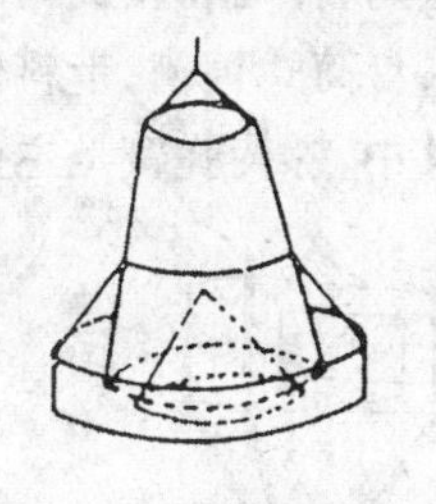

图 1-36　干粉料桶示意图

（4）盘筒式饲槽　我国生产的 9WT-60P 型螺旋弹簧喂食机所配用的盘筒式饲槽由料筒、栅架、外圈、饲槽组成（图 1-37）。粉状饲料由螺旋弹簧送来后，通过锥形筒与锥盘的间隙流入饲盘。饲盘外径为 80 厘米，用手转动外圈可将饲盘的高度从 60 毫米调到 96 毫米。每个饲盘的容量可在 1～4 千克的范围内调节，可供 25～35 只产蛋鸡自由采食。

4. 链式喂食机　目前，国内大量生产用于笼养鸡的链式喂料机有 9WL-42 型和 9WL-50 型。其组成包括长饲槽、料箱、链片（图 1-38）、转角轮和驱动器等。工作时，驱动器通过链轮带动链片，使它在长饲槽内循环回转。当链片通过料箱底部时即将饲料带出，均匀地运送到长饲槽，并将剩余饲料带回料箱。

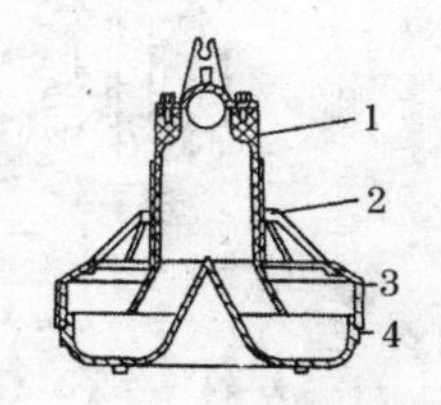

图 1-37　盘筒式饲槽

1. 料筒　2. 栅架
3. 外圈　4. 饲槽

在 3 层笼养中，每层笼上安装一条自动输料机上料。为防止饲料浪费，在料箱内加回料轮，回料轮由链片直接带动。

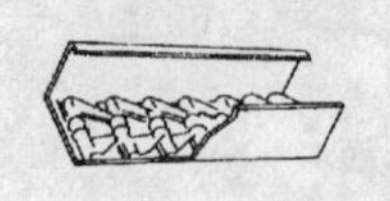

图 1-38　链式喂料机的饲槽和链片

9WL-42 型和 9WL-50 型链式喂食机喂料线长度最大可达 300 米，链条线速度为 6～7 米/分，输料量为 200 千克/时左右，驱动功率为 0.75 千瓦，减速器的减速比为 1∶80～100。

5. 螺旋弹簧式喂食机　螺旋弹簧式喂食机(9WT-60P)用于平养的商品蛋鸡、种鸡和育成鸡的喂料作业，主要由料箱、螺旋弹簧、输料管、盘筒式饲槽、带料位器的饲槽和传动装置等组成(图 1-39)。其中，螺旋弹簧是主要输

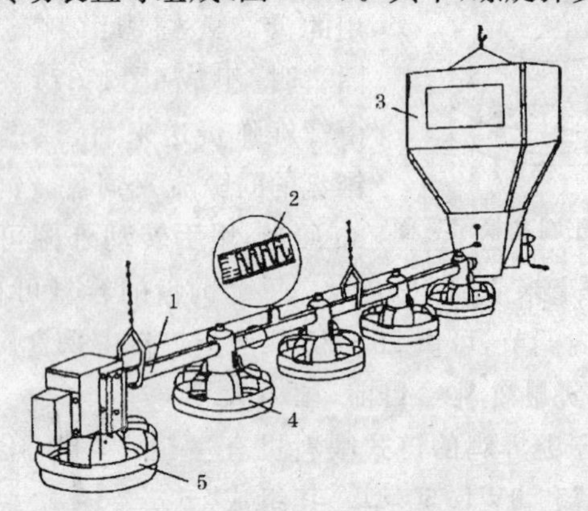

图 1-39　螺旋弹簧式喂食机

1. 输料管　2. 螺旋弹簧　3. 料箱　4. 盘筒式饲槽　5. 带料位器的饲槽

送部件，具有结构简单，能作水平、垂直和倾斜输送等特点。工作时，由电机经一级皮带传动，将动力传至驱动轴，带动螺旋弹簧旋转，将料箱中的粉料沿输料管螺旋式推进，顺序向每个盘筒式饲槽加料。当最末端的那个带料位器的饲槽被加满后，料

位器自动控制电机使之停转，从而停止供料。当带料位器饲槽中的饲料被鸡采食后，饲料高度下降到料位器控制的位置以下时，电路重新接通，电机又开始转动，螺旋弹簧又依次向每个盘筒式饲槽补充饲料。如此周而复始地工作。

9WT-60P 螺旋弹簧式喂食机的配套动力为 1.1 千瓦，螺旋弹簧的外径为 45±2 毫米，螺距为 60±5 毫米，转速为 350 转/分，喂料线的最大长度为 60 米，每小时可输送配合饲料 600 千克，挂 91 只饲盘，可喂养产蛋鸡 2 200～3 200 只。

6. 骑跨式给料车 多与叠层式鸡笼配套，也有与阶梯式鸡笼配套的。在鸡笼架的顶部装有角钢或工字钢制造的轨道，轨道上装有四轮小车，小车有钢索牵引或安装 1 台 400 瓦的减速电动机。电器控制箱也可安装在给料车上，饲养人员可乘车同行，观察鸡群动态并随时停车。车一般每分钟行走 8～10 米。车的两侧挂有盛料斗，斗的底部逐渐倾斜而缩小，形成下料口，并伸入料槽内，与槽底保持 3 厘米左右的间隙。料槽用镀锌铁皮制成，外侧高 20 厘米，内侧高 12 厘米，上口宽 18 厘米。骑跨式给料车见图 1-40。

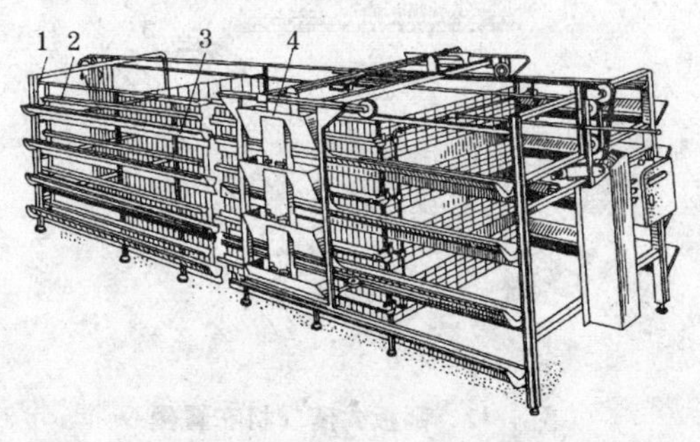

图 1-40 骑跨在叠层式鸡笼上的轨道车喂料机

1. 鸡笼 2. 水槽 3. 饲槽 4. 喂料机

(五)清粪设备

鸡舍内常用的清粪方法有两类。一类是经常性清粪，即每天清粪1～3次，所用设备有刮板式清粪机、带式清粪机和抽屉式清粪板。刮板式清粪机多用于阶梯式笼养和网上平养；带式清粪机多用于叠层式笼养；抽屉式清粪板多用于小型叠层鸡笼。另一类是一次性清粪，即每隔数天、数月甚至1个饲养周期才清1次粪。此种清粪方法必须配备较强的通风设备，使鸡粪能及时干燥，以控制有害气体的产生。常用的人工清粪是拖拉机前悬挂式清粪铲，多用于高床笼养。

1. 刮板式清粪机 刮板式清粪机是用刮板清粪的设备，由电动机、减速器、绞盘、钢丝绳、转向滑轮、刮粪器等组成(图1-41)。刮粪器又由滑板和刮粪板组成(图1-42)。工作时，电动

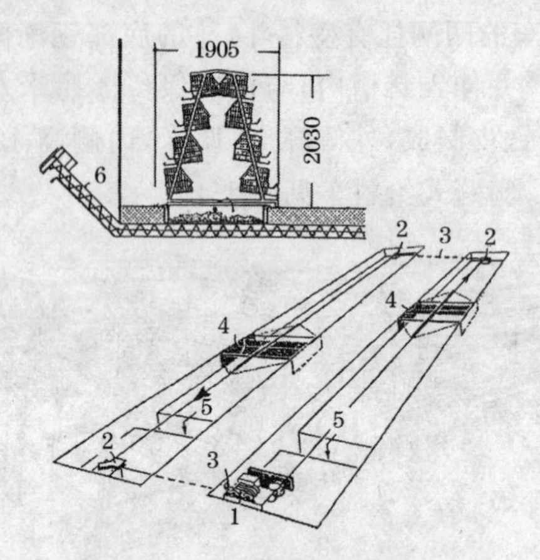

图1-41 刮板式清粪机布置图

1. 绞盘 2. 行程开关 3. 钢丝绳 4. 刮粪器
5. 横向粪沟 6. 横向螺旋式清粪机

机驱动绞盘，通过钢丝绳牵引刮粪器。向前牵引时，刮粪器的刮粪板呈垂直状态，紧贴地面刮粪，到达终点时刮粪器碰到行程开关，使电动机反转，刮粪器也随之返回。此时刮粪器受背后的钢丝绳牵引，将刮粪板抬起越过粪堆，因而后退不刮粪。刮粪器往复走1次即完成1次清粪工作。通常刮粪板式清粪机用于双列式鸡笼，一台刮粪时，另一台处于返回行程不刮粪，使鸡粪都被刮到鸡舍同一端，再由横向螺旋式清粪机送出舍外。刮粪机的工作速度一般为0.17～0.2米/秒。

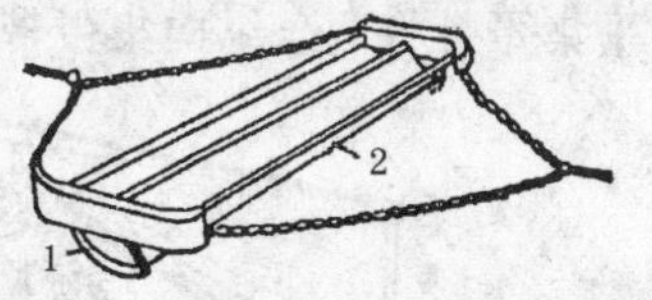

图 1-42 刮粪器

1. 滑板 2. 刮粪板

2. 带式清粪机 带式清粪机由主动辊、被动辊、托辊和输送带组成（图1-43）。每层鸡笼下面安装一条输送带，上、下各层输送带的主动辊可用同一动力带动。鸡粪直接落到输送带上，定期启动输送带，将鸡粪送到鸡笼的一端，由刮板将鸡粪刮下，落入横向螺旋清粪机，再排出舍外。输送带的速度为5～10米/分，一般50米长的4层叠层式鸡笼用的带式清粪机约需功率0.75千瓦。

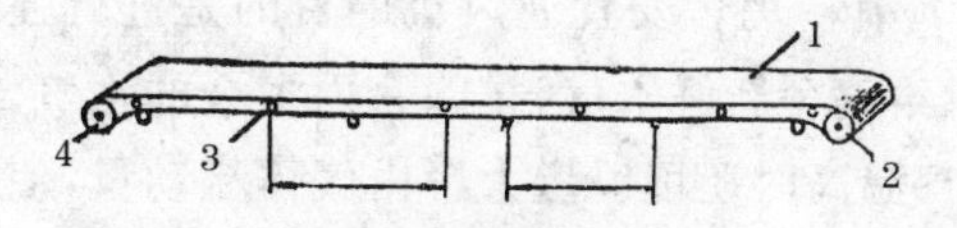

图 1-43 带式清粪机(一层)

1. 输送带 2. 被动辊 3. 托辊 4. 主动辊

(六)集蛋设备

鸡舍内的集蛋方式分为人工捡蛋和机械集蛋。小规模平养鸡和笼养鸡均可采取人工捡蛋，将蛋装入手推车运走；网上平养种鸡,产蛋箱靠墙安置于舍内两侧,在产蛋箱前面安装水平集蛋带,将蛋运送到鸡舍一端(图 1-44),再由人工装箱。也可在由纵向水平集蛋带将鸡蛋送到鸡舍一端,再由横向水平集蛋带将两条纵向集蛋带送来的鸡蛋汇合在一起运向集蛋

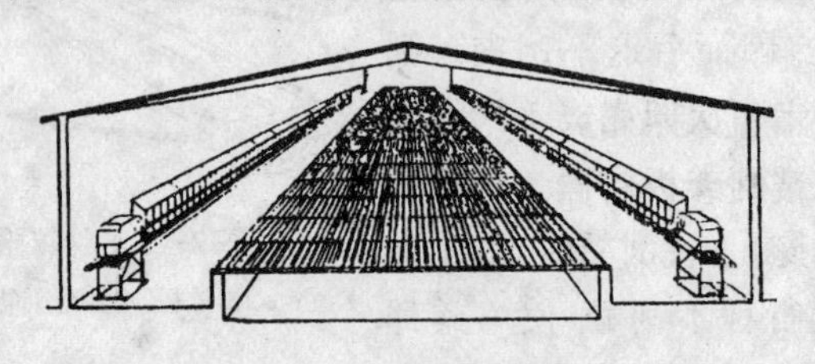

图 1-44　网上平养的集蛋设备

台,由人工装箱。高床笼养鸡,鸡蛋可从鸡笼底网直接滚落到蛋槽,这样只需将纵向水平集蛋带放在蛋槽上即可。集蛋带宽度通常为 95～110 毫米,运行速度为 0.8～1 米/分。由纵向水平集蛋带将鸡蛋送到鸡舍一端后,再由各自的垂直集蛋机将几层鸡笼的蛋集中到一个集蛋台,由人工或吸蛋器装箱。

(七)环境控制设备

1. 通风机　鸡舍安置通风机的目的是进行强制性通风换气,即供给鸡舍新鲜空气,排除舍内多余的水气、热量和有害气体。气温高时还可以增大舍内气体流动量,使鸡有舒适感。

通风机分轴流式和离心式两种。在采用负压通风的鸡舍里,使用轴流式风机,在正压通风的鸡舍里,主要使用离心式风机。

轴流式风机由叶轮、外壳、电机及支座组成。叶轮由电机直接驱动。叶轮旋转时,叶片推动空气,将舍内的污浊空气不

断地沿轴向排出，使舍内呈负压状态。此时舍外气压比舍内高，新鲜空气在压力差的作用下，从进气口进入。

2. 自动喷雾降温设备 自动喷雾降温设备(9DJ-150型)主要由水箱、水泵、过滤器、喷头、管路及自动控制器组成。一套喷雾降温设备可安装3列并联150米长的喷雾管路。自来水经过滤器流入水箱，水位由浮球阀控制。然后经旋涡泵加压进入安装在舍内管路上的喷头，喷出直径在100微米以下的细雾粒(图1-45)。这些雾粒在下降过程中吸热汽化，从而降低舍温使鸡感到凉爽。

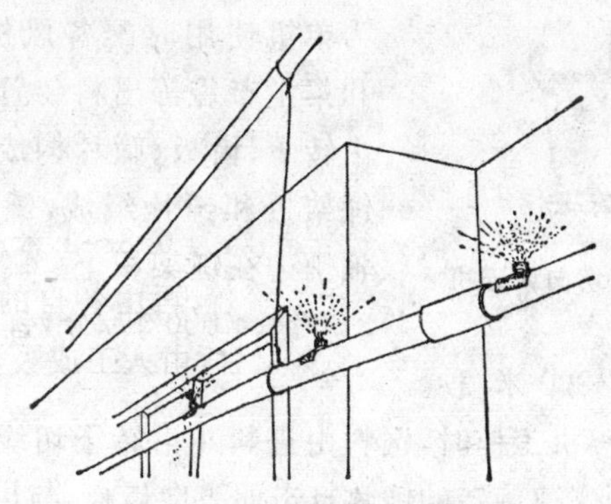

图1-45 鸡舍喷雾降温设备

自动喷雾降温设备的启闭受控制器控制。一般当鸡舍温度高于32℃时，温度传感器将信号传给控制器，自动接通电路，驱动水泵，开始喷雾。约喷雾2分钟后间歇15～20分钟再喷雾2分钟，如此周而复始，直到温度降到26℃～27℃时停止喷雾。

(八)饲料加工设备

饲料加工设备是用来生产配合饲料的，主要包括粉碎设备、配料设备、混合设备、制粒设备等。大中型饲料加工厂还有除尘设备、输送设备和打包设备。

1. 锤片式饲料粉碎机 锤片式饲料粉碎机是利用高速旋转的锤片来击碎饲料。根据进料方向可分为切向进料式(简称切向粉碎机,饲料由转子的切线方向进入)、轴向进料式(简称轴向粉碎机,饲料由转子的轴线方向进入)和径向进料式(简称径向粉碎机,饲料从粉碎机顶部沿转子的径向进入)。

图 1-46 切向粉碎机

切向粉碎机的构造由进料、粉碎、出料 3 个部分组成(图 1-46)。作为单机使用时配备风机、集粉筒和集尘布袋等出料装置。粉碎室由转子、齿板、筛片构成。转子由锤架板和锤片组成,锤片通过肖轴销连在锤架板上。转子转速为 3 000~4 000 转/分,锤片末端的线速度为 80~90 米/秒。

切向粉碎机工作时,饲料由进料斗沿转子切线方向进入粉碎室,受到高速旋转的锤片打击而飞向齿板,与齿板发生撞击后被弹回,再次受到锤片的打击和挫擦作用下,将饲料粉碎成细小的粉粒,直到从筛孔漏出为止。风机将穿过筛孔的粉碎物以混合气流形式送入集料筒,然后粉碎物从底部排粉口排出,空气从顶部出风管排出,进入集尘布袋。

切向粉碎机通用性比较好,既能粉碎谷粒饲料,又能粉碎小块豆饼和整根茎秆饲料,适用于农村中小规模养鸡场。

2. 齿爪式粉碎机 齿爪式粉碎机由进料斗、动齿盘、定齿盘和筛片组成(图 1-47)。动齿盘的外圈安装扁齿,里面 3 圈为圆齿。定齿盘固定在侧盖内壁上,定齿也分内外两层,筛片为环形。

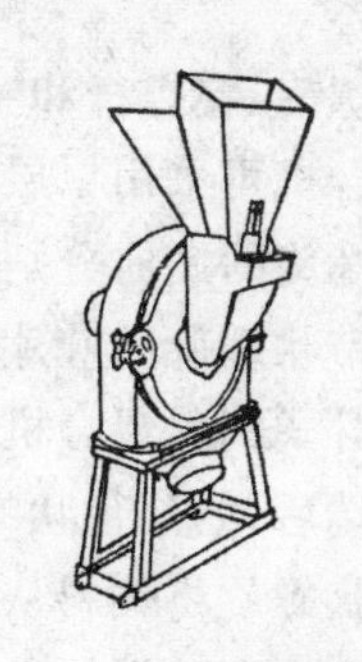

图 1-47　齿爪式粉碎机

齿爪式粉碎机工作时，饲料从定齿盘中部的进料管进入，受到高速旋转的圆齿和扁齿的猛烈冲击和剪切作用。同时，饲料在离心力作用下，从动齿盘中心向外移动，不断地与定齿盘、筛片发生撞击，饲料之间也发生摩擦。在这些力的作用下，饲料被逐渐粉碎，直至穿过筛孔。这种粉碎机主要用于加工玉米、高粱、大豆等杂粮，也可用于粉碎较小的豆饼、白薯干等块状饲料及经过预先切碎的茎秆和藤蔓饲料。

3. 卧式饲料混合机　卧式饲料混合机由机壳、转子和出料门操纵机构组成(图 1-48)。机壳是一个“U”形槽，其容积大小和充满程度决定了饲料混合机每批能混合饲料数量。混料机外壳用不锈钢或经防锈处理的普通钢板制成，进料口设置在机盖上，出料口设置在机壳底部。转子采用双螺旋带式，

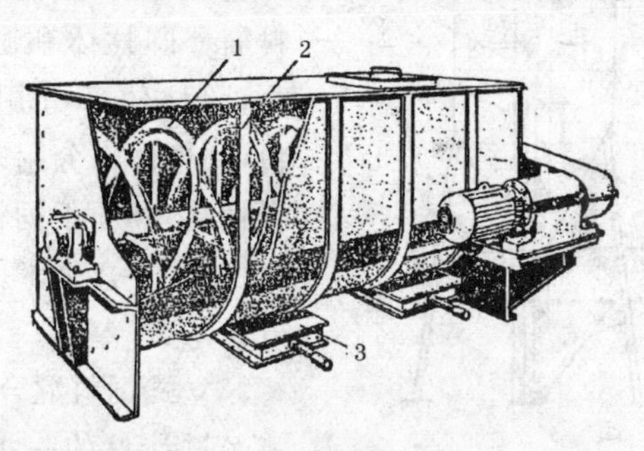

图 1-48　卧式饲料混合机

1. 带状螺旋　2. 支撑杆　3. 出料口

由带螺旋、支撑杆和主轴构成。带状螺旋焊在主轴上，小型饲料混合机可采用单层螺旋，一般用双层螺旋。由于内、外两层带状螺旋的旋向分别为左、右旋，输送饲料的应当相等，因而内层带状螺旋的叶片一般比外层宽。

卧式饲料混合机工作时，外层带状螺旋将饲料推向机体的一端后，内层带状螺旋又将饲料推向机体另一端。或者外层带状螺旋将饲料从两端向中间输送，内层带状螺旋则将饲料从中央向两端输送。饲料在内、外层左、右旋带状螺旋的来回推动下，不断翻滚、对流，迅速混合均匀，然后打开出料口卸料。

卧式饲料混合机的转速一般为 30～50 转/分，每批饲料的混合时间约为 4 分钟，卸料时间约为 0.5 分钟，若进料时间控制在 1 分钟，则混合一批饲料总共需用 5.5～6 分钟。

4. 立式饲料混合机 立式饲料混合机由进料斗、垂直螺旋、螺旋外壳、出料口、料筒及转动部分组成(图 1-49)。料筒分圆柱体和圆锥体两部分，圆柱体部分用来容纳饲料，圆锥体部分用来集中和混合饲料，并便于饲料下滑。料筒由 1.5～2 毫米厚的钢板制成。

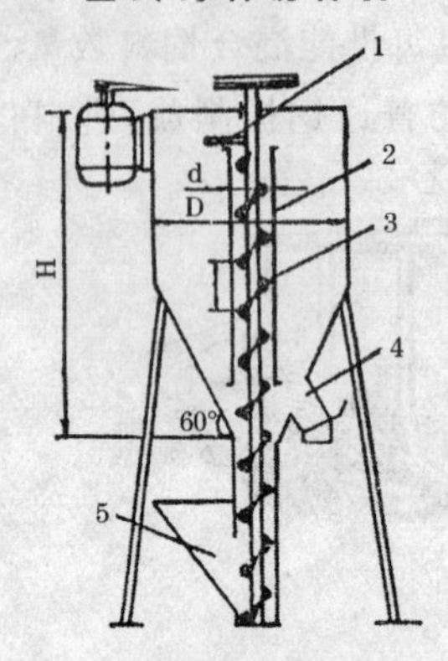

图 1-49 立式饲料混合机

1. 刮板 2. 螺旋外壳 3. 垂直螺旋 4. 出料口 5. 进料斗

立式饲料混合机工作时，将经过计量的一批饲料倒入进料斗，由垂直螺旋向上输送，到达螺旋外壳的顶端开口处，被刮板甩出抛落下来，沿料筒表面滑落到锥筒底部，从螺旋外壳的下端开口处重新进入垂直螺旋，再次向上输送。如此反复循环直到混合均匀为止。最后打开出料口卸料。

立式饲料混合机的螺旋转速为120～400转/分，混合一批饲料需要12～18分钟。

第二章 在养鸡生产中怎样做好管理工作

一、怎样做好家庭鸡场生产预测

生产预测是生产决策的基础，它能为生产决策提供科学的依据。在实施生产预测时，应从以下几个方面着手工作。

(一)市场调查

1. 市场调查的内容 主要包括市场环境调查和市场专题调查。

市场环境调查也叫宏观调查。主要是对影响家庭鸡场市场供求变化的环境所进行的调查，调查内容包括经济、政治、社会风俗习惯、文化教育状况、自然地理等。

市场专题调查也叫微观调查。是指在市场营销中，为了达到一定的生产经营目的，在特定的范围内选定有关专题进行的调查。主要包括市场需求调查、消费者调查、产品调查、价格调查、促销调查、渠道调查、竞争情况的调查等。

市场需求包括现实的需求和潜在的需求，进行市场需求调查时，要把现实需求和潜在需求结合起来。一旦条件具备，潜在的需求就能转化为现实的需求。市场需求调查主要调查市场的需求容量、消费结构及其发展变化趋势、市场需求影响因素等。

消费者调查包括对消费者购买动机和购买行为进行的调

查，如消费者的性别、年龄、职业、民族、文化程度；消费者的收入水平、消费水平、消费结构、现实购买能力和潜在购买能力；消费者的需求对象、购买态度、购买动机和购买习惯；消费者对本家庭鸡场的信任、印象等。

产品调查是了解消费者需求的产品及其评价，如消费者对鸡场新老产品的质量、品味、包装、商标以及服务方式的评价；现有产品处于生命周期的哪一阶段，有否扩散的领域和新的用途；市场上同类产品的竞争对手及其势态特点等。

价格的调查是调查消费者在产品价格变动下所做出的反映。根据调查结果，为家庭鸡场制订新产品的价格，调整现有产品的价格提供决策依据。

促销调查是对消费者所要求的促销方式、公共关系、广告信息、互联网信息等进行调查。

渠道调查是对消费者所要求的购销方式、运输、货栈、仓贮等进行调查。

竞争情况的调查。一是对竞争对象进行调查，如同类产品有多少生产者，他们的生产能力、设备条件、技术水平、生产成本、运输条件如何等；二是对竞争产品进行调查，如同类产品的品种、质量、价格、上市的时间以及在市场上的占有率等。

2. 市场调查的方法 市场调查方法很多，如询问法、观察法、实验法、资料分析法、网络信息法等。各种方法都有优缺点，选择是否正确，对调查结果影响甚大，在生产中必须因地制宜、正确选用。

询问法也叫访问法。它是家庭鸡场市场调查中最常见的一种方法，简单易行，能及时获得比较全面而又客观的资料。这种方法是将所拟调查的事项，当面或通过电话或书面向被调查者提出询问，以获得所需资料。询问调查之前，要有一定的准备，调查者应根据调查的目的，拟订出调查提纲或调查表格，逐项进行调查。询问法包括走访面谈、邀请座谈、电话询问、信函询问等具体方式。通常要求调查人根据具体情况选择并应用合适的方式，但目的均是为了使被调查者回答“事实”、“意见”、“原因”3个方面的问题。例如，了解消费者的购买数量，是事实调查；了解消费者对鸡场产品的评价，是意见调查；了解消费者的购买动机，是原因调查。

观察法是指通过调查人员或仪器从侧面观察鸡场产品市场行情和消费者购买行为，对观察到的情况、现象和有关数字进行实地记录或通过仪器进行收录，然后分析研究这些资料，得出调查结果。由于被调查者并未意识到自己受到调查，因而不致产生顾虑与拘束，这种调查具有一定的客观性，但往往难以深入观察消费者的心理活动。为此，要求调查人员应具有相当丰富的经验，而且最好与询问法结合使用，以取长补短。观察法可以为特定的目的专门使用，也可以作为调查询问的补充手段。

实验法也叫试销法。其过程是先选定某一特定的市场，进行小规模的产品试销，以此进行市场销售“实验”。实验市场主要有物资交流会、商品展销会、看样定货会等。在实验市场上，可以一面推销产品，一面征询意见，从销售动向中分析产品销售的前景，尤其是新产品推销的前景。这种方法产销、产需直接见面，信息反馈快，数据比较准确，故应用范围很广。实验调查方法客观，切合实际，但时间长，成本高，可变因素难以掌握。

资料分析法是指通过对历史和现在的家庭鸡场市场资料的室内分析所进行的市场调查方法。这是一种间接的市场调查方法。包括趋势分析和相关分析。

网络信息法是指通过国际互联网或企业内部互联网对家庭鸡场市场有关情况的调查。这种方法速度快,效益好。但有些消费者缺乏网络道德,使网络信息丧失一定的客观性。

3. 市场调查程序 为了取得好的调查效果,市场调查应有目的、有计划进行,要重视调查步骤的确立。通常,市场调查的程序为 4 个阶段,即准备性调查阶段、探测性调查阶段、正式性调查阶段和调查结果的处理阶段。

在准备性调查阶段,主要是为将进行的市场调查做好准备,其工作主要有以下 3 个方面。

第一,发现问题并使之具体化,包括找出征象、提出问题和做出是否进行调查的决定等。

第二,进行环境调查。当发现问题后,就要对所处的内外环境有一个充分的认识,并对形势的变化及影响做出客观的估计。

第三,确定命题。经过问题分析和环境调查,可以初步确定调查课题,以便做进一步的探测性调查。

各种准备做好以后进入探测性调查阶段。因为在准备调查阶段虽然明确了调查的课题,但全面正式进行调查时,调查人员也可能对问题的范围和关键抓不住要害,使工作难以顺利完成。为此,要进行探测性调查。通常其资料来源主要有 3 个方面:一是现成资料,二是向专家和消费者征求,三是参考过去类似的资料。

到了正式性调查阶段,应在探测性调查的基础上,确定调查范围和目标(一般是要解决企业存在着的问题),拟订调查方案(一般包括调查目的、调查内容、调查地点、人员组织、调查方法和调查问卷设计等内容),然后全面正式地展开调查(搜集调查资料:第一手资料,即调查人员直接在市场上观察、记录和搜集的资料;第二手资料,即由他人搜集并经过整理发表的资料)。在这个阶段,工作效果的好坏,与调查人员的素质密切相关。在这一阶段要选择有一定调查经验的工作人员。

调查来的全部资料,只有经过整理,区分鉴别,分析研究才能发挥其应有作用。因此,在调查结果的处理阶段要做好3项工作:即整理资料、分析资料和提出调查报告(包括调查过程、主要数据、详细程度、情况摘要、调查结论、生产管理建议等)。

4. 市场调查类型 根据不同的市场调查目的,市场调查可分为探索性调查、描述性调查和因果关系调查3种主要类型。

探索性调查,是指在情况不明时所进行的调查。这种调查的特点是有广度而没有深度,仅是探测情况的调查,是为专题调查提供资料。

描述性调查,是指如实、详细、全面对调查对象所进行的调查。这种调查的特点是有深度而没有广度,要求实事求是地描述市场情况。

因果关系调查,为了弄清问题的原因与结果之间关系,搜集有关自变因素与因变因素的资料,分析其相互关系的调查。因果关系调查可分为由果探因的追溯性调查和由因测果的预测性调查。在市场调查中,3种调查类型常交替、综合运用。

(二)生产预测的类型及特征

1. 家庭鸡场生产预测的类型 家庭鸡场生产预测的类型比较多,按照生产预测的时间,可以分为长期预测、中期预测和短期预测。5年以上为长期,3年为中期,1年以内为短期。对于涉及家庭鸡场环境保护、生态平衡的预测则要更长的时间，而对于市场蛋价的预测，则要以月、日或季节进行短期预测。

按生产预测的方法，可以分为定性预测和定量预测。定性预测是指根据预测人员实践经验的积累和吸收有关人员的意见，推断未来的发展变化。这种预测方法简便，但带有较大的主观性，准确性差。定量预测是根据占有的系统可靠的资料、信息，在定性分析的基础上，按照一定的数学方法，进行定量计算分析，预测未来发展的趋势。这种方法可以防止主观随意性，但它忽视未来方针政策和社会心理因素的变化。

按生产预测的具体对象和内容，可分为劳动力预测、流动资金预测、固定资产预测、生产成本预测、产品市场预测、产品销售预测等。通过预测，指出生产发展变化的前景，制订各项生产计划和指标。

2. 家庭鸡场生产预测的特征 其特征主要包括以下几个方面。

(1)依据的客观性 家庭鸡场生产预测是以客观准确的历史资料和合乎实际的经验为依据所进行的，而不是毫无根据、纯主观的臆断。

(2)时间的相对性 家庭鸡场生产预测事先应明确规定某项预测对象的时间期限范围。预测的时间越短，受到不确定因素的影响越小，预测结果越准确。反之，预测的时间越长，受到不确定因素的影响就越大，则预测结果的精确性就要相对差一些。

(3)结论的可检验性 家庭鸡场生产预测应考虑到可能发生的误差，且能够通过对误差的检验进行反馈，调整预测程序和方法，尽量减少误差。

(4)方法的灵活性　家庭鸡场生产预测可灵活采用多种方法，在选择预测方法时，应事先进行(测试)试点，选择那些简便易行、成本低、效率高的一种或几种方法配套使用，才能收到事半功倍的效果。

(三)生产预测的内容、程序和方法

1. 生产预测的内容　生产预测是在市场调查的基础上，为搞好家庭鸡场生产决策和规划所做出的分析、测算和判断。在实际工作中，主要是对产品成本预测、产品市场需求预测、产品市场销售预测、产品市场占有率预测。

产品成本预测是指对家庭鸡场产品的所需成本进行预测。家庭鸡场产品成本的构成主要有原材料、劳动力、固定资产折旧等。做好全部产品成本预测的前提，就是要在市场调查的基础上，对其各个组成部分分别进行预测。例如，某村金华鸡场要进行 2007 年 9 月份的产品成本预测，根据市场行情，分析、估计鸡饲料的价格情况，并计算其成本。同理，也要计算工人工资。将其若干局部成本预测结果加总，就完成了全部成本的预测。同时，还可以根据销售预测和存货预测的结果，完成单位成本的预测。

产品市场需求预测是指对家庭鸡场某种产品市场需求量和需求发展趋势的预测。家庭鸡场产品的需求量，是同社会对其购买力、消费水平、消费结构、消费习惯等因素密切联系的。消费范围的人口多少、收入水平、年龄结构及生活习惯等，对家庭鸡场产品的消费量都有重要影响。从消费角度看，家庭鸡场产品(如肉、蛋、雏)属非生存必需品。这类产品的需求量弹性比较大，它往往随着产品的价格、质量、品种和消费对象的收入水平、消费结构等因素的变化发生波动。所以，市场需求量预测，对家庭鸡场产品来说，具有更重要的意义。

产品市场销售量预测是指预测下一时期某种家庭鸡场产品可能售出的数量。市场销售量通常可以根据销售趋势(即时间序列)或市场因素(如价格、收入水平等)的变化来估算。

产品市场占有率预测是指家庭鸡场产品对市场占有率的预测，实际上是对家庭鸡场产品在市场上竞争能力的预测。这种预测是在销售量预测的基础上进行的，其计算公式如下：

$$\text{市场占有率}=\frac{\text{本家庭鸡场产品销售额}}{\text{同行业同类产品的总销售额}}\times 100\%$$

如果已经掌握了市场需求量和市场占有率，也可以计算本家庭鸡场产品的预测销售量。计算公式如下：

$$\begin{matrix}\text{本家庭鸡场}\\\text{预测销售量}\end{matrix}=\begin{matrix}\text{市场总}\\\text{需求量}\end{matrix}\times\begin{matrix}\text{本家庭鸡场}\\\text{产品市场占有率}\end{matrix}$$

例如，某地区鸡蛋年市场量420万千克，而本鸡场鸡蛋市场占有率为15%，则本鸡场鸡蛋年预测销售量为63.75(420×20%)万千克。

2. 生产预测的程序 要达到预测的目的，必须遵循一定的程序，虽然预测内容和方法很多，各具特点，但其程序和步骤是一致的。

(1)根据需要确定预测的内容、目标和期限 如某村金华鸡场预测明年的生产指标，内容为单产和总产，期限为1年，预测内容要明确、具体。

(2)收集和分析预测资料 收集影响预测对象未来发展的内部条件和外部环境各方面资料(一是家庭鸡场内部的计划、产量、成本、销售量、利润等资料；二是家庭鸡场外部的政治、经济、文化、科技及国家公布的统计数据；三是市场调查资料)，并进行整理、分析和选择。如预测鸡蛋产量，需要搜集同鸡蛋产量有关的自然、技术、经济因素。没有现成资料，则需进行调查和专访，以尽量取得比较系统、全面的资料。在整理中，对于偶然的和非正常的资料要进行剔除，对于技术性的差错要进行核对，对有矛盾的资料要查明原因。

(3)选择预测方法　选用何种方法是依据预测目的、占有资料情况、对预测准确度的要求、预测费用和经济过程的特点等决定的。在可能情况下，应综合运用几种方法。

(4)建立数学模型　依据预测的内容、目标、方法建立相应的数学模型，抽象地描述经济实体及其相互关系。

(5)进行预测的计算　依据数学模型进行具体运算，求其初步预测结果，并列出数学模型中没有包括的因素，对预测数值进行必要的调整。

(6)书写预测报告　预测报告应包括预测目的、预测方法、预测结果、误差范围、预测结果分析，提供预测值的注意事项，以及保证预测值实施的策略、措施等内容。

(7)评定和鉴别　预测与实际难以完全相符，经常会有误差，要及时检查其误差程度，分析误差原因。如果由于预测方法和数学模型不完善，就要改进模型重新计算；如果由于不确定因素的影响，则应估计其影响程度，进行必要的调整。

生产预测是一项十分复杂细微的工作，为了增强预测的科学性和有效性，必须把个别经济过程的预测，与其他相关的经济过程联系起来进行分析(如预测鸡饲料的成本要同相关的经济作物的发展联系起来分析)，综合考虑影响经济发展的因素，使预测系统化。

3. 生产预测的方法　生产经营预测的方法多种多样，大体上有两大类可供选择，即定性预测和定量预测。预测的基本原则是“以销定产，产销平衡”。

(1)定性预测　定性预测又叫判断预测，是指预测者根据已有资料，依靠个人的经验和分析能力、对生产经营情况、未来的变化趋势做出判断。定性预测由于简单适用，费用不大，能够综合考虑各方面相互制约因素，故得到了广泛的应用。目前生产中常用的定性预测方法主要有经验判断法、集体判断法、专家意见调查法、主观概率调查法、客户意见法等。

经验判断法又叫直观判断法。主要是凭经营者的经验和判断能力来进行预测。这种预测方法的正确程度与预测者的业务水平和经营经验直接相关。当预测者对市场情况有充分的了解，也具有丰富的经验时，预测结果比较准确。否则，预测的结果误差较大。这种方法简便易行，在短时间内可以得出预测的结果，故在没有充分的数据资料可供利用的情况下，是一种较常用的方法。

集体判断法是由家庭鸡场总经理(场长)召集熟悉市场行情的有关部门负责人，集体讨论、研究、分析、判断，以预测今后一定时期内商品供求变化及其发展趋势。这种方法的优点是迅速、及时和经济，并能发挥集体的智慧。其缺点是主观因素大，且易被少数权威的意见所左右，带有一定的风险性。

专家意见调查法是邀请对市场营销有专门研究且有丰富经验的专家进行判断的预测方法。这种方法邀请若干专家，让其充分发表意见，并反复多次，集中专家的集体智慧，提高预测的可靠性。其缺点是费时间，工作量大，支付经费较多。

主观概率调查法是由预测人员对预测问题做出预测判断，再征求各位专家的意见，即先形成主观概率，然后求出各位专家主观概率的平均值，加权后确定出预测结果。这种方法是前述集体判断与专家意见法的综合。其特点是既简便易行，又能充分发挥专家的作用，预测的准确性较高。

客户意见法，是直接听取客户的意见后确定预测数。做法是家庭鸡场事先列出一份客户名单，然后通过当面询问、电话询问、邮寄询问、订货会、客户座谈会、商品展览、定期填报需求登记表等方式，争取与所有客户和潜在客户取得联系，了解其购买意向。这种方法能否取得成功主要靠客户合作。

(2)定量预测法　是根据各种统计资料和数据，运用数学方法来进行分析，找出市场需求规律，然后做出判断。定量预测法比较客观，可以消除定性预测中主观心理因素带来的偏差。它的不足之处是对一些非定量经营因素难以做出精确的定量估计。目前生产中常用的定量预测方法主要有简单平均法、移动平均法、指数平滑法、季度变动预测法、因果预测法等。

①简单平均法　简单平均法是一种简便的预测方法，如果预测对象在短期内没有明显的变化趋势，就可以采用这种方法。它只需要将过去统计的实际观察值加以平均，得到的平均值，即可作为下一期的预测值。这种方法把各期资料数据的影响都平均化了，即远期和近期因素对预测值都具有同等影响程度，所以有时预测结果与实际情况出入较大。

②移动平均法　移动平均法是简单平均法的一种改进。如果认为预测期未来的状况与近期状况有关，而与较远时期的状况联系不大，则可采用移动平均法来预测。移动平均法是采取按时间序列的次序逐次推移求出几个元素的平均值，即每移动 1 次就添入 1 个新的观察数值而去掉前 1 次求平均值时所采用的最早期的观察数值，根据设定的移动期数目来求出平均值。用移动平均值作为下一预测期的预测值，可以减少偶然因素的影响，起到数据平滑的作用。移动平均法求预测值的步骤如下。

A. 按下式求得全部移动平均值。

$$\overline{y}_{t+1}=\frac{1}{n}\sum_{t=1}^{n}y_i$$

式中：y_{t+1} 为第 t+1 期的移动平均值；y_i 为第 i 期的实际观察值；n 为取平均值的期数，可视具体情况酌定；i 是全部观察值按时间排列的序号。

例如：已知某村金华鸡场 2004 年 1～12 月份的逐月销售额如表 2-1 所示。

现分别取 n＝3 和 n＝5 计算移动平均值并依次将 t+1 期移动平均值写在[t+1－(n+1)/2]期的观察值后。如 n＝3 时，第 t+1＝4 期移动平均值。

$\overline{y}_{t+1}=(y_3+y_2+y_1)\div3=(32+36+33)\div3=33.7$，写于 y_2 后面。其余类推。

B. 比较前后两期移动平均值的变化，求出趋势变动值。例如，当 n＝3 的移动平均法中，第一个移动平均值为 33.7，第二个平均值为 34。比较结果，得到第二个移动平均值较第一个移动平均值增长 0.3。

依此类推可求出全部趋势值。

C. 求预测值，其计算公式为：

$$预测值＝最后一期预测值+\frac{n+1}{2}\times最后一个趋势值$$

如上例中，选 n＝3 时，最后一期移动平均值为 53.3，最后一个趋势值为 3.3，代入公式可算得预测值为 59.9。同理可得 n＝5 时的预测值为 58。

表 2-1 移动平均数据表

观察期（月份）	观察值（万元）	(a)3 个月移动值		(b)5 个月移动值	
		平均值	趋势值	平均值	趋势值
1	33				
2	36	33.7			
3	32	34.0	+0.3	35.4	
4	34	36.0	+2.0	36.8	+1.4
5	42	38.7	+2.7	38.4	+1.6
6	40	42.0	+3.3	41.6	+3.2
7	44	44.0	+2.0	44.0	+2.4
8	48	46.0	+2.0	45.6	+1.6
9	46	48.0	+2.0	48.4	+2.8
10	50	50.0	+3.3	50.8	+2.4
11	54	53.3			
12	56				
2005 年 1 月	预测值	59.9		58.0	

由表 2-1 看出，该企业实际销售额的随机波动较大，经过移动平均后，波动显著减少，这种作用称为平滑作用。所以，移动平均法又称移动平滑法。一般说来，移动平均法具下述特点：一是移动平均模型具有平滑数据的作用，它能在一定程度上描绘时间序列的发展趋势；二是合理选择 n 值是用好移动平均法的关键。n 取数越大，平滑作用越强，但滞后偏差也越大；n 取数过小，则结论相反；若 n 取数等于全部观察数值，则成为简单平均法。

移动平均法的优点是简单易行，不足之处是需要的观察数据存贮量大，并且有一定的误差。

③指数平滑法　指数平滑法实际上是一种特殊的加权移动平均法。它在某种程度上克服了移动平均法的缺点，比移动平均法前进了一步，因为移动平均法中的每个观察数据对未来预测值均有影响，但近期观察值大小对其影响最大。实际上有时预测值并非只与较近的过去时间序列有关，因此有必要对其影响较大的观察期数据给以较大的权数，作用较小的观察期数据给以较小的权数。

指数平滑法的数学模型为：

$$Y_t = aX_{t-1} + (1-a)Y_{t-1}$$

式中 Yt 为 t 期预测值；Y_{t-1} 为最近一期预测值；X_{t-1} 为上一期(最近一期)的实际观察值；a 为平滑系数，一般取 $0<a<1$。

这个公式可以理解为预测值是上一期实际观察值和前一期预测值的加权平均所得的结果。其 a 值的选定取决于实际情况，若近期数据作用大，a 值应取大些；反之，则取得小些。一般可按下述情况处理。

A. 如果观察值的长期趋势变动为接近稳定的常数，则应取居中的 a 值 0.4～0.6，使观察值对预测值中具有大小相似的影响。

B. 如果观察值呈现明显的周期性变动时，则宜取较大的 a 值，如 0.7～0.9，这样使近期观察值对预测值具有较大的影响，从而使观察期的近期数值迅速地反映于未来的预测值中。

C. 如果观察值的长期趋势变动比较缓慢，则宜取较小的 a 值，如 0.1～0.3，这样使远期的观察值的特征也能反映在预测值中。

例如，某村金华鸡场逐月鸡蛋销售量列于表 2-2 中第二栏，分别以 a=0.3，0.6 和 0.9 来计算。各月的预测值也列于表内。

④季节指数法　在养鸡生产中，影响市场需求的规律性因素，会引起趋势性变动和季节变动。一般家庭鸡场（蛋鸡或肉食鸡）的产品销售会呈现出明显的季节性变动，应该用适当的定量方法来反映这种变动规律，使预测更为精确，这时可采用季度变动预测法。季度变动预测有多种不同的计算方法，这里只介绍季节指数法。

季节指数法是利用历年销售资料数据，求出各季节指数，然后根据季节指数和当年已知销售量（或计划销售量），来预测其他各季销售量。

表 2-2　指数平滑法实例

观察期 月份	观察值 （100 千克）	预测值		
		取 a=0.3	取 a=0.6	取 a=0.9
0	50	50.0	50.0	50.0
1	52	50.0	50.0	50.0
2	47	50.6	51.2	51.8
3	51	49.5	48.7	47.5
4	49	50.0	50.1	50.7
5	48	49.7	49.4	49.2
6	51	49.2	48.5	48.1
7	40	49.7	50.0	50.7
8	48	48.8	44.0	41.0
9	52	46.7	44.4	47.2
10		47.2	49.0	51.5

例如，某村金华鸡场鸡蛋销售量如表 2-3 中所示，对 2007

年作出销售量预测。

第一步，将历年各季数据对齐列表，计算周期平均值。

$$周期平均值=\frac{各年同季数据}{年数}$$

表 2-3　某家庭鸡场季节销售量　（单位：100 千克）

年　份	春	夏	秋	冬	各季平均
2004 年	99	111	104	158	118
2005 年	123	137	129	183	143
2006 年	144	160	148	208	165
周期平均	122	146	127	183	总平均 142
平均季节指数	0.86	0.95	0.89	1.29	
2007 年预测值	150	165.7	155.2	255.0	

例如，$春季平均值=\frac{99+123+144}{3}=122(100\ 千克)$。

其余类推计算，得出其他各季平均值。

第二步，计算总平均值。可将周期平均值相加后，除以季数。

$$\frac{122+136+127+183}{4}=142(100\ 千克)$$

第三步，求季节指数。

$$季节指数=\frac{周期平均值}{总平均值}$$

例如，$春季季节指数=\frac{122}{142}=0.86$。

同样，可求出夏季、秋季及冬季季节指数分别为 0.95，0.89，1.29。

第四步，计算 2007 年夏季预测值。

如已知 2007 年春季销售量为 150(100 千克)。则夏季预测值为：

$$150\times\frac{0.95}{0.86}=165.7(100\ 千克)。$$

如预测全年的销售量为 800(100 千克)，也可按 0.86，0.95，0.89，1.29 的比例推算各季的销售量。

⑤因果预测法　因果预测法也叫相关分析预测法。它重在分析事物之间的内在关系。市场经营活动中的各种现象既有各种联系，又相互影响。例如，人口增加与食品需要量，学生人数与文教用品销售额等。在这些关联现象中有的是原因，有的是在这一原因下发生的结果。如果我们能够正确地分析判断市场现象中的因果关系，以及这些因果关系的数量规律，则知其因，便能测其果。这就是因果预测法的基本原理。

下面介绍一元线性回归预测法。一元回归分析法就是分析 1 个因变量和 1 个自变量之间的关系。设 x 为自变量，y 为因变量，则计算公式为：

$$y=a+bx$$

其中 a 与 b 是待求的常数。

应用最小二乘法求解 a 与 b 的方程式为：

$$b=\frac{n\sum xy-\sum x\sum y}{n\sum x^2-(\sum x)^2}$$

$$a=\frac{\sum y-b\sum x}{n}$$

例如，大连韩伟养鸡有限公司通过调查发现，“咯咯哒”鸡蛋在某地区销售量与该地区居民人均月收入有关。已知该地区连续 6 年的历史资料如表 2-4 所示，假设 2007 年该地区居民人均月收入为 700 元，要求用回归直线分析法预测 2007 年的销售量。

表 2-4　资料数据

年　份	2001	2002	2003	2004	2005	2006
居民人均月收入(元)	350	400	430	500	550	600
“咯咯哒”销量(万千克)	10	11	12	14	15	16

根据所给资料,列表计算如下。

表 2-5　计算数据

年　份	居民人均月收入 x	“咯咯哒”销售量 y	xy	x^2	y^2
2001	350	10	3500	122500	100
2002	400	11	4400	160000	121
2003	430	12	5160	184900	144
2004	500	14	7000	250000	196
2005	550	15	8250	302500	225
2006	600	16	9600	360000	256
n=6	$\sum X=2830$	$\sum Y=78$	$\sum xy=37910$	$\sum x^2=1379900$	$\sum y^2=1042$

根据公式计算:

$$b=\frac{n\sum xy-\sum x\sum y}{n\sum x^2-(\sum x)^2}=\frac{6\times 37910-2830\times 78}{6\times 1379900-2830^2}=0.02$$

$$a=\frac{\sum y-b\sum x}{n}=\frac{78-0.02\times 2830}{6}=3.57$$

$$y=3.57+0.02x$$

因为2007年居民人均收入为700元,所以“咯咯哒”鸡蛋在该地区销售量为:$3.57+0.02\times 700=17.57$(万千克)

二、怎样做好家庭鸡场的生产决策

(一)家庭鸡场生产决策的作用和内容

家庭鸡场生产经营管理的重点在于决策。生产经营决策是指为实现生产经营目标,根据客观可能性,在占有一定的资料、信息和经验的基础上,借助于一定的手段和方法,从若干个生产经营方案中,选择一个最优的方案组织实施的过程。

1. 生产经营决策的作用 家庭鸡场为了取得较好的经济效益,对远期或近期生产经营目标以及实现这些目标有关的一些重大问题所做出的选择和决定,它关系到家庭鸡场的生存和兴衰。

2. 生产经营决策的内容

(1)生产经营方向决策 生产经营方向,一般指家庭鸡场的产品生产方向,即确定家庭鸡场是生产蛋鸡或肉食鸡等。家庭鸡场要依据农业法和经济法进行合法生产经营,从社会的实际需要和家庭鸡场的经营条件出发,科学地确定生产经营方向。

(2)生产经营目标决策 生产经营目标,是指家庭鸡场在一定时期内的生产经营活动中应该达到的水平和标准。其内容主要包括贡献目标、市场目标和利益目标。

(3)生产经营技术决策 选用什么样的物质技术设备,采用什么样的生产技术和方法,如何进行设备更新、技术改造和提高职工的技术水平,都直接关系到家庭鸡场的前途。正确的生产经营技术决策,能使生产发展建立在可靠的物质技术基础上。

(4)生产组织决策 生产组织决策的主要内容是生产组

织机构的设立、技术力量的配备、职工的安排等。正确的生产组织决策，对改善经营管理、提高劳动效率具有重要作用。

(5)生产中财务决策　具体包括扩大生产能力的投资决策，产品定价和降低产品成本的决策，加速资金周转、提高盈利水平的决策等。

(二)生产经营决策的程序和基本要求

1. 生产经营决策的程序　决策工作不能凭个人的主观愿望，而要根据资料和情况，按照一定程序，运用科学方法，才能使决策尽可能准确、合理、符合事物发展变化的规律。

(1)提出问题　有问题才需要决策，提出问题是发掘有待决策的领域，这是决策的第一步。要解决问题，必须对问题有充分的认识，才能对症下药。

(2)搜集整理资料　搜集、整理情报资料，是分析问题的基础，也是进行决策的依据。只有正确的情报资料，才能产生正确合理的决策。情报资料的来源包括家庭鸡场内部的正式资料，如各种资源调查资料、计划表、统计数字和总结资料等；家庭鸡场内部的非正式资料，如会议汇报资料、调查资料等；家庭鸡场外部的有关资料，如国家规划、政策、法令，市场行情，各种新技术、新工艺、新设备等。现有资料不能满足时，还要进行调查，以补充其不足。

对情报资料要求是及时、准确、完整、经济。及时，指及时记录、及时传递，失机则失效；准确，指如实反映情况，不捕风捉影或弄虚作假；完整，指提供全面的数据、情报；经济，指取得情报资料所花费用不能超过它可能产生的经济价值。

(3)确定决策目标　确定目标是生产经营决策的关键程序，它是确定和选择各种决策方案的重要依据。决策目标是生产经营管理期望达到的目标，它要求具体、明确。目标选不准，决策也很难准确。生产经营决策目标有单一性的，如产量目标；也有复合性目标，如生产结构决策，既要考虑增产增收，又要考虑生态平衡以及国家任务和自给任务等。当目标互相矛盾时，要进行归类合并，或把一些目标改为限制条件。

(4)设计各种可行方案　设计可行方案以供选择，是决策的重要条件。可行方案主要来源于 3 个方面：其一，用过去拟定的同类方案；其二，移植其他家庭鸡场拟定过的类似方案，其三，提出新的方案。

设计方案的过程是决策机会的寻找过程，一般要求越多越好，这样可供选择的余地就越大。要把所有可行方案都尽可能不遗漏地提出来，如果遗漏就可能将最好方案排除在外。因此，要让家庭鸡场职工都能发表意见，集中大家的设想形成可行方案。各种方案都有其优缺点，开始时，不要评头论足，横加指责，应鼓励职工解放思想，大胆提出新方案。这不仅是搞好决策的关键，也是人力资源开发的重要一环。

(5)可行方案的评价和择优　方案是否可行，要符合如下标准：①经济效益高，即投入少，见效快，收益早，效益大；②家庭鸡场的发展应有利于农业生态平衡，有利于人们的健康和社会安定，以取得良好的社会效益；③要符合人们的要求，满足社会的需要。产品适销对路，价值和使用价值才能实现。

经过评价，筛选出可行方案，作为初步决策方案。在决策过程中应对各方案的效益和风险大小之间作权衡，然后做出抉择。

(6)执行家庭鸡场生产经营决策　执行生产经营决策的重要工作是使广大执行者对决策充分了解和接受；把决策目标分解落实到每个执行单位，明确其责任；制订相应的措施和政策，保证决策的正确执行；通过控制系统的报告制度，迅速及时地掌握实施过程的具体情况。

(7)跟踪检查　在生产经营决策付诸实施后，管理人员还不能确定其结果一定符合于原定的目标，必须有一套跟踪和检查的办法，以保证所得结果与决策的期望值相一致。

2. 生产经营决策的基本要求

(1)可行性　生产经营决策方案应该是可行性的方案。可行性方案是指实施程序比较简单，实施条件容易满足，实施的可能性较大的方案。可行性是决策的前提，一定的技术、经济条件对实现预定目标，有着约束作用，称为约束条件。其中影响最大的而又有限的条件，称为限制因素。这些约束条件和限制因素，是权衡决策方案是否可行的主要依据。在各备选方案中，对各项约束条件均能适应，并能使限制因素得到最大程度利用的，便是可行性最大的方案。

(2)科学性　生产经营决策方案要符合自然规律、经济规律和技术规律的要求。正确的决策必须综合研究自然规律、经济规律和技术规律，坚持科学发展观，进行充分的调查，严肃的分析论证，科学的选优。

(3)经济性　生产经营决策方案的经济效果要好。在确定生产经营项目时，一项合理的决策，应尽量选择投资少、见效快、收益大的方案。决策目标应尽量做到数量化，以便选择经济效益最大的方案。因条件限制，不能选择最优方案的，应选择经济效益较优的方案。

(4)时效性　生产经营决策要有时间观念。社会经济、科学技术、商品市场供求不断变化，企业决策与时间有密切的关系。当断不断，议而不决，贻误时机，则降低时效及其价值。

(5)灵活性　生产经营决策要有一定弹性，有回旋的余地。因为人的预测总是有一定的局限性，家庭鸡场生产经营存在着气候、市场等不可控制的因素，决策难免会有一定的偏差，并可能导致严重的后果。因此，经营决策应有一定的应变能力，并有备用方案，以便应付出现的不测情况。

(三)生产经营决策的方法

随着现代管理理论和技术的不断发展，决策时“软”技术受到普遍重视，“硬”技术得到广泛应用和发展，“软”、“硬”结合技术也得到了普遍的重视和应用。所谓“软”技术就是定性分析，它是应用经济学、心理学和社会学的成就，再加上其他知识，把有关人员组织起来，充分发挥各方面专家的聪明才智的一种决策方法。它在战略决策、宏观决策中所起作用很大，可以弥补定量分析方法在某些场合无能为力、难以奏效的缺陷。所谓“硬”技术就是定量分析法，就是数学模型、多媒体计算机等在决策中的应用，使决策实现了数学化、模型化和电算化。所谓“软”、“硬”结合技术，就是把定量分析和定性分析合为一体，把数学模型和专家直观判断结合使用的一种决策方法。目前有不少决策都是运用定量分析开路，再经过有实践经验的领导和某些专家们反复分析研究，进行深入细致的定性分析，认为确属切实可行，然后再拍板定案的。家庭鸡场生产经营决策方法按照决策的可知程度分为确定型决策、风险型决策和不确定型决策。

1. 确定型决策方法 它是在对未来情况能准确掌握条件下进行决策。其因素是“定型化”的，各因素之间数量关系肯定，只要按一定的决策程序进行，就能做出确定的决策。其具体方法较多，主要有线性规划法和盈亏临界点分析法(此方法在"怎样做好家庭鸡场的经济核算"中第三部分内容介绍)。

下面重点介绍线性规划法。

线性规划法是运用数学模型进行决策的一种方法。线性规划所处理的,是在一组约束条件下寻求目标函数极大值(或极小值)的问题。如果约束条件都可以用一次方程来表示,目标函数也是一次函数,则该方程的函数关系的坐标图象就是直线。

线性规划的数学形式,包括目标函数和约束条件两部分。目标函数反映决策者的目的,它是由一些能为人们控制的变量所组成的函数。目标函数可以是收益或产值的最大值,也可以是成本或费用的最小值。约束条件是对目标函数中变量的限制范围,它是指为达到一定的生产目的所存在各种具有一定限制作用的生产要素,如鸡舍、资金、劳动力等。用线性规划法进行分析,先要把决策目标列成一个函数式,把约束条件列成一个联立方程组,然后求出能够满足方程组的那些未知数。每组能满足方程组的未知数,都是一组可行解,其中有一组是可以满足目标函数要求的,叫做最优解。最优解所反映的就是最佳方案。

线性规划问题在约束条件少、决策变量也不多的情况下(只有 2 个变量,或 2 个以上,但能简化为 2 个的),可以用图解法求解;条件复杂的线性规划问题,则需要用多媒体计算机进行运算。现举例说明用图解法求线性规划问题。

假设某家庭鸡场 2005 年有劳动力 40 人,资金 200 万元,鸡舍 30 栋。当年生产肉仔鸡和蛋鸡 2 种,每栋鸡舍所需劳动力、资金和能够取得的纯收入,如表 2-6 所示。在此情况下确定最佳的产品生产方案。

表 2-6　某家庭鸡场生产收入情况

项　目	肉仔鸡舍(X_1)	蛋鸡舍(X_2)	劳动力和资金总量
劳动力(人)	1	2	40
资金(万元)	8	4	200
每鸡舍纯收入(万元)	4	3	—

设 x_1 代表生产肉仔鸡鸡舍栋数，x_2 代表生产蛋鸡鸡舍栋数，Y 代表纯收入。

根据决策要求，列出线性规划数学模型如下。

目标函数：

$Y=4x_1+3x_2$→最大(纯收入)

约束条件：

$x_1+2x_2 \leqslant 40$ ·······①(劳动力约束条件)

$8x_1+4x_2 \leqslant 200$ ·······②(资金约束条件)

$x_1+x_2 \leqslant 30$ ········③(鸡舍约束条件)

$x_1, x_2 \geqslant 0$ ·········④(非负条件)

用图解法求解时，分两个步骤进行。

第一步，先确定 x_1 和 x_2，即生产肉仔鸡和蛋鸡的鸡舍变动范围。由 x_1 和 x_2 非负条件，x_1 和 x_2 的值只能在第一象限内(图 2-1)。

第二步，寻求 x_1 和 x_2 的最优解。

在目标函数中，x_1 和 x_2 是 2 个一次性变量。所以，Y 的图象必然是一组互相平行的等值直线。我们先假设 Y=0，则 $4x_1+3x_2=0$，这是一条通过 O 点的直线，这条直线的斜率为 $(-4/3)$，以此画出通过 O 点的等值直线 HI(图 2-2)。HI 直线表示 Y_1 值的大小，所以应将这条直线向右上方平行移动。通过 G 点做出平行于 HI 的直线 NP，即 $x_1=20$，$x_2=10$，

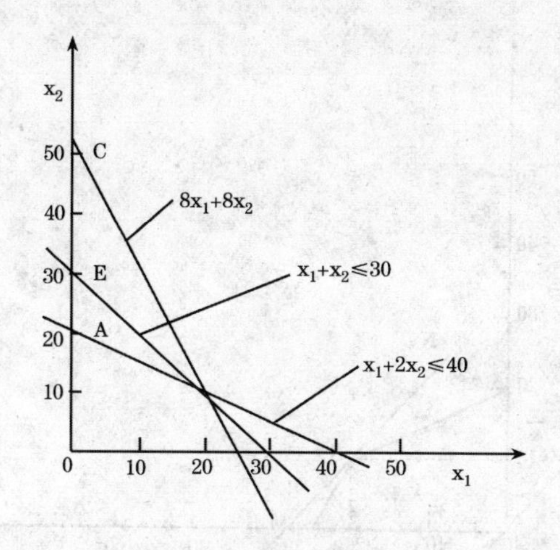

图 2-1　线性规划图(一)

此时目标函数的值：$Y_1 = 4 \times 20 + 3 \times 10 = 110$(万元)。G 点是可行解，其空间位于右上方的最高点。所以，G 点所指示的变量值是最优解。由此可知，该家庭鸡场 2005 年可以用 20 栋鸡舍生产肉仔鸡，用 10 栋鸡舍生产蛋鸡，可使生产资源得到充分利用，并能够得到最大的纯收入。

2. 风险型决策方法　风险型决策也叫随机状态决策，是在决策者没有完全掌握与决策有关的自然状态信息的情况下，决策者必须在考虑几种可能发生自然状态及其概率的情况下做出决策，因而带有一定风险。其可信度较确定型决策差。但是，这是一种经常遇到的决策状态。

例如，根据市场调查某家庭鸡场肉仔鸡需求量的概率如表 2-7 所示。如果该产品当天出售，则每千克可盈利 3 元，如果当天不能出售，每千克将亏损 1 元，需要对该家庭鸡场每天生产肉仔鸡数量做出决策，它属于风险型决策。

自然状态有 4 种：$s_1 = 6000$，$s_2 = 4000$，$s_3 = 3000$，$s_4 = 5000$。

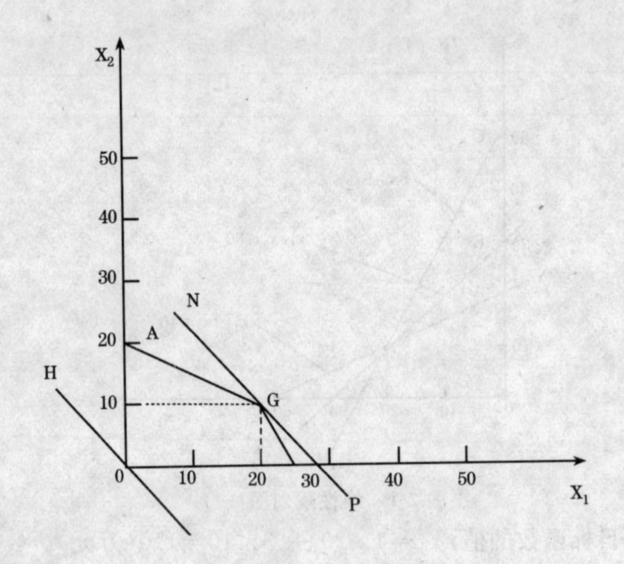

图 2-2 线性规划图(二)

决策方案也有 4 种：$a_1=6000$，$a_2=4000$，$a_3=3000$，$a_4=5000$。根据已知的自然状态(盈利和亏损)的概率，就可以计算出每种方案在每种自然状态下期望值。期望值的大小，是风险型决策选择的标准。

期望值$=\sum$(概率×损益值)

$E(a_1)=6000\times0.1\times3+6000\times(-0.9)\times1=-3600$(元)

$E(a_2)=4000\times0.3\times3+4000\times(-0.7)\times1=800$(元)

$E(a_3)=3000\times0.4\times3+3000\times(-0.6)\times1=1800$(元)

$E(a_4)=5000\times0.2\times3+5000\times(-0.8)\times1=-1000$(元)

根据计算每天生产 3 000 千克肉仔鸡，期望利润最大，此方案可行。

表 2-7 肉仔鸡市场需求量的概率

每天需求量(千克)		6000	4000	3000	5000
概 率	盈 利	0.1	0.3	0.4	0.2
	亏 损	0.9	0.7	0.6	0.8

3. 不确定型决策方法 不确定型决策是在没有掌握与决策有关的自然状态信息的情况下做出的。决策者承认潜在的自然状态种类,知道每种方案在不同自然状态下的期望值,但不知道自然状态出现的概率。一般来讲,决策者不希望在不确定状态下做出决策,因为它可信度最差。但是当面临一种新的情况,或考虑生产一种新的产品,或对产品进行探索性开发时,往往要在不确定状态下做出决策。不确定型决策,目前很难借助准确的定量分析,主要是靠主观判断。具体又可分为等概率法、悲观法和乐观法。

如某家庭鸡场在市场状况不确定的情况下,准备对利用老场、扩建老场和建立新场 3 种方案进行决策。已知各种方案在不同的市场前景下可能得到的利润如表 2-8 所示,要求按不同的方法进行决策。

表 2-8 利润方案 (单位:万元)

供选方案	市场状况			
	S_1 很好	S_2 较好	S_3 一般	S_4 很差
a_1 利用老场	10	5	4	−2
a_2 扩建老场	17	10	1	−10
a_3 建立新场	24	15	−3	−20

(1)等概率决策法 这种方法是假定所有的自然状态均等的出现。因此,4 种自然状态出现的概率各为 1/4。3 种决策方案的期望利润额分别为:

$E(a_1)=1/4(10+5+4-2)=4.25$(万元)

$E(a_2)=1/4(17+10+1-10)=4.5$(万元)

$E(a_3)=1/4(24+15-3-20)=4.0$(万元)

由上可知,方案 a_2 的期望利润额最大。

(2)悲观决策法　这种方法是以发生最差自然状态作为决策标准。因此,首先确定每种方案中利润最小的期望值,然后从最小的期望值中选择最大的作为选择方案。表 2-8 中,各方案的最小收益值分别为:－2 万元,－10 万元,－20 万元。其中最小的最大收益值－2 万元所代表的是第一种方案,故确定利用老场为最优方案。

(3)乐观决策法　这种方法是以发生最好的自然状态作为决策的标准。因此,首先应确定每种方案中利润最大的期望值,然后再从大的期望值中选择其最大的作为选择方案。表 2-8 中,各方案的最大收益值分别为:10 万元,17 万元,24 万元。其中最大的收益值为 24 万元,故选择方案 a_3 作为实施方案。这种决策只考虑最后的机会,而没有考虑到其他各种可能,因而风险性很大。

三、怎样做好家庭鸡场的生产管理工作

(一)家庭鸡场的生产特点

1. 家庭鸡场生产对象的特殊性　家庭鸡场生产对象是有生命的鸡,是自然再生产和经济再生产交织在一起的一种特殊的生产活动。因此,不但要按自然规律组织生产活动,同时,还要求按照经济规律进行生产管理,以取得良好的经济效益和生态效益。

2. 家庭鸡场生产的转化性 家庭鸡场的自然功能是将植物能转化为动物能。鸡饲料在生产成本中占有很大的比重，生产管理的主要任务之一，是提高养鸡的饲料转化率。

3. 家庭鸡场生产的周期长 家庭鸡场生产周期一般较长，在整个生产周期中要投入大量的劳动力和资本，只有在生产周期结束时才能获得收入，实现资本的回收。从生产时间分析，蛋鸡有产蛋期和休产期。因此，在生产中要求选用优良品种，采用科学饲养管理，延长生产时间，提高鸡的产品率。

4. 家庭鸡场生产的双重性 对于生产肉仔鸡的家庭鸡场来说，雏鸡是劳动的手段和生产资料，而成鸡则是劳动产品和消费资料。家庭鸡场生产既要满足社会对生活消费品需要，又要保证鸡场自身再生产的需要，因而具有双重性特点。

5. 家庭鸡场生产的可移动性 鸡可以进行密集饲养、异地肥育。运用这个特点，可以克服环境等因素的不利影响，创造适合于家庭鸡场生产的良好的外部环境，以保证鸡的生产过程的顺利进行。

(二)家庭鸡场生产任务

家庭鸡场生产任务是根据市场需要，结合资源环境和经济技术条件，确定合理的生产结构。采用科学的养殖方式，生产更多更好的鸡产品及其深加工产品，以满足社会的多样化需求。

1. 确定生产结构 家庭鸡场应根据国家经济发展战略目标、市场需求状况和家庭鸡场自身的资源条件，坚持“以一业(一品)为主，多种经营”的经营方针，因地制宜地确定鸡产品的生产结构。在广大农区，充分利用农业精饲料和秸秆粗饲料等多种资源，降低生产成本，发展家庭养鸡业，为“三农”

服务，为建设社会主义新农村做贡献。

2. 建立饲料基地 饲料是家庭鸡场发展的物质基础。发展家庭鸡场，提高鸡产品产量和质量，其基本条件是建立相对稳定的饲料基地，保证鸡正常的生长发育；同时，要发展饲料加工业，生产各种配合饲料和添加剂，提高饲料质量，满足鸡的各个生长期的多种营养需求。

3. 提供优质产品 鸡品种的优劣，关系到植物饲料的转化率和产品的生产率。因此，家庭鸡场生产的重要任务之一，就是要不断引进和培育优良品种，实施标准化生产，提高鸡产品的内在品质，为社会提供更多的优质产品。

（三）家庭鸡场生产计划

家庭鸡场生产，除了依靠专业饲养技术人员搞好饲养管理外，还必须依靠专业管理人员搞好生产管理。生产管理的关键是做好计划管理。家庭鸡场生产计划一般包括雏鸡孵化计划、鸡群周转计划、产品生产计划和作业生产记录与收支月报记录。

1. 雏鸡孵化计划 编制孵化计划的目的在于保证育成鸡、肉用仔鸡和出售鸡雏的需要。孵化计划应根据孵化设备的生产能力及种蛋生产量和市场对雏鸡需求的预测来制订。主要内容包括：孵化时期、种蛋来源和孵出鸡雏数（表 2-9）。

表 2-9　雏鸡孵化计划

项目		序号	月份											
		序号	1	2	3	4	5	6	7	8	9	10	11	12
种蛋	数量(个)	1												
	合格率(%)	2												
入孵	种蛋(个)	3												
	头照检出(个)	4												
	二照检出(个)	5												
	毛蛋检出(个)	6												
出雏	合计(只)	7												
	孵化率(%)	8												
	成活率(%)	9												

说明：①表中序 1×序 2=序 3

②表中序 3－序 4－序 5－序 6=序 7

③种蛋合格率(%)$=\frac{\text{种蛋总数}-\text{破壳数}-\text{畸形数}}{\text{种蛋总数}}\times 100\%$

④孵化率(%)$=\frac{\text{出雏总数}}{\text{入孵的种蛋总数}}\times 100\%$

⑤雏鸡成活率(%)$=\frac{\text{成活总数}}{\text{出雏总数}}\times 100\%$

2. 鸡群周转计划　鸡群一般分为种公鸡、种母鸡、商品蛋鸡、育成鸡、肉用仔鸡、幼雏、成年淘汰育肥鸡等。

由于鸡生长迅速，鸡群周转计划一般按月编制，如表 2-10 所示。

表 2-10　鸡群周转计划

项　目	计划年初数	月　份												计划年末数
		1	2	3	4	5	6	7	8	9	10	11	12	
1～4 周龄雏鸡														
4～6 周龄雏鸡														
6～14 周龄育成母鸡														
14～20 周龄育成母鸡														
6～20 周龄育成公鸡														
种公鸡														
淘汰种公鸡														
产蛋种母鸡														
淘汰产蛋种母鸡														
商品蛋鸡														
淘汰商品蛋鸡														
肉用仔鸡														
总　计														

3. 产品生产计划

生产计划是家庭鸡场全年生产任务的具体安排。其内容包括:饲养鸡的品种、数量和各项指标,所需劳动力;饲料品种与数量;年内预期经济指标及种蛋、种雏、商品鸡、商品蛋的预期数量等。

如家庭鸡场的产蛋计划,可根据各月平均饲养的产蛋母鸡数及其产蛋率,计算出各月的产蛋数量。饲养多个品种的养鸡场按不同品种分别制订各月计划,然后汇总为全部的产蛋计划(表 2-11)。

表 2-11 家庭鸡场产品生产计划

项目	月份											
	1	2	3	4	5	6	7	8	9	10	11	12
产蛋母鸡月初只数												
月平均饲养产蛋母鸡只数												
产蛋率(%)												
产蛋总数(个)												
总产量(千克)												
种蛋数(个)												
食用蛋数(个)												
破损率(%)												
破损蛋数(个)												

说明:①月平均饲养产蛋鸡只数$=\frac{\text{月初数}+\text{月末数}}{2}$

②产蛋率(%)$=\frac{\text{当月产蛋量}}{\text{当月饲养鸡数}}\times 100\%$

③月计划产蛋总数=月平均饲养产蛋鸡只数×产蛋率×30

4. 作业生产记录与收支月报记录 家庭鸡场年度计划的完成,在于严密地组织生产过程和各项作业,经常核算收支状况等工作的质量。为此,必须做好生产记录和收支月报记录。家庭鸡场在年度生产任务中,对每一品种的鸡都预定出产蛋率、饲养日增重、肉鸡育成活重和饲养消费量等生产指标,并用作业记录同上述所预定指标进行比较,发现问题,分析原因,做出决策。如决定鸡群的选留、淘汰和更换,扩大、缩小还是保持现有的生产规模,或改善相关技术,或改变操作方式等。

(四)家庭鸡场生产管理

1. 家庭鸡场的种类　现代化的家庭鸡场已经发展成为专业化、系列化、大规模的生产企业,根据不同的经营方向和生产任务,可分为专业化养鸡场和综合性养鸡场两种。

(1)专业化养鸡场

①种鸡场　种鸡场的主要任务是培养、繁殖优良鸡种,向社会提供种蛋和种雏。这类鸡场对提高养鸡业的生产水平起着重要作用。

②肉鸡场　是专门提供肉用仔鸡的商品代鸡场,为社会提供肉用仔鸡。

③蛋鸡场　专门饲养商品蛋鸡,向社会提供食用鸡蛋和淘汰母鸡。

(2)综合性养鸡场　综合性养鸡场集供应、生产、加工、销售于一体,生产规模大、经营项目多、集约化程度较高,形成联合企业体系,是商品化养鸡业发展到一定阶段的产物。这种现代化养鸡场一般设有饲料厂、祖代鸡场、父母代鸡场、孵化厂、商品鸡场、屠宰加工厂等,为社会提供种鸡、种雏、商品鸡、分割鸡肉等产品,销往国内外市场。

2. 饲养管理　饲养管理是家庭鸡场最基本、最经常、最大量的生产工作。其要求:一是使鸡群得到良好的照管和喂饲,保证鸡群健康生长发育,提供大量的产品;二是节约饲料费用以及在喂饲方面的劳动消耗,不断提高饲料报酬率和劳动生产率,降低生产成本。

(1)饲养方式　主要有平养和笼养两种,平养又可分为地面平养、栅条平养、网上平养等方式。

(2)管理方式　饲养方式确定后,就要进行相应的劳动管理。即合理的劳动分工和人员配备，以保证饲养管理工作的正常进行。家庭鸡场每天的饲养管理工作包括一系列的操作活动，这些操作活动是由不同工种的工人分工协作完成的。在专业化养鸡场中，饲养人员一般按鸡舍或鸡栏编组，分管一定数量的鸡群。在规模较大的家庭鸡场中，则按专业性质不同分组，如饲养组、孵化组、育雏组、肉鸡组、蛋鸡组、兽医室，有的还有饲料生产组等。每组（室）按管理定额配备人员，固定分管各自的专业性工作。劳动分工，有利于提高饲养人员的劳动熟练程度，有利于提高工时利用率和加强生产责任制，以保证饲养工作正常地进行。

3. 家庭鸡场环境管理 家庭鸡场的环境，一般指对养鸡生产造成影响的多种外界因素的统称，包括鸡场所处地域、鸡场的设施装备、鸡舍内小气候和饲养密度等条件。

（1）场址选择 家庭鸡场是一座生物工厂，为保证鸡的健康生长，一是寻找空气新鲜，无病原菌污染的地方；二是有充足可靠的水源，最好是自来水和深井水；三是交通运输便利，包括陆运、空运；四是电力供应，要保证孵化、育雏、育成、产蛋鸡舍的动力、饲养、照明等需求。

（2）温度管理 产蛋鸡最适宜的温度是 18.3℃～23.5℃，一般在 13℃～29℃范围之内。高温会使蛋鸡饮水量增加、呼吸加快、体温升高、血钙含量下降，导致蛋壳变薄、鸡体重减轻、产蛋量减少、蛋的质量下降等。因此，炎热的夏季应设法降温，注意鸡舍屋顶的隔热性，加大通风量；在冬季要注意增温，晚上喂料可以添加一些油脂，以增加热能，提高御寒能力。

（3）光照管理 产蛋鸡每天光照时间超过 11～12 小时，就能增加产蛋量，达到 14 小时后增产效果更为显著，一般规定产蛋鸡每天光照时间为16小时。但是光照的时间达17小时以上,对产蛋反而不利。光照变化的刺激作用一般在10天以后才能见效。所以,从育成鸡光照程序改为产蛋鸡光照程序的适宜时间应在20周龄时开始。同时,要相应改变饲料配方和增加给料量。延长光照时间通常采用3种方式:一是早晨补充光照;二是傍晚补充光照;三是早晨和傍晚都补充光照。

(4)*换气通风管理* 鸡生长发育过程中要排泄粪便,吸入氧气,呼出二氧化碳,一般鸡舍有害气体较多,主要是氨、硫化氢和二氧化碳。因而,鸡舍的平面布置应根据饲养工艺、饲养阶段、喂料的机械化程度、清粪方式、通风设施等全盘考虑,使鸡舍空气新鲜,增加氧含量。

4. 疫病防治管理 家庭鸡场在集约化生产条件下,组织严格的疫病防治是保证鸡群健康成长,获得高产、高效益的重要措施。为此,要贯彻"预防为主"的方针,严格卫生防疫制度,实行预防接种,及时扑灭疫病,为鸡的健康成长创造良好的环境。

5. 生产周转管理 养鸡生产经过一个生产周期进入另一个生产周期,这种转换称为生产周转。其方式一般有两种:"全进一全出"制方式和再利用方式。

(1)*"全进一全出"制方式* 即指一个鸡场饲养同日龄的鸡群,同时一起进场,在生产期满后同时一起出场。这种周转方式,一是可以最大限度地利用鸡的最佳生长时期,获得高效益,二是可以组织严格的防疫。这种方式能最大限度地消灭鸡场内的病原体,避免各种传染病的循环感染,也能使免疫接种的鸡群获得一致的免疫力。肉鸡生产多数采用这种周转制度。

(2)*再利用方式* 再利用方式是蛋鸡特有的周转方式,即在蛋鸡产蛋1个周期后，通过强制换羽，使产蛋鸡休产一个时期，再进行第二个产蛋期的利用。这样做的好处是更能充分的利用，发挥蛋鸡产蛋能力，节省育成鸡的培育费，从而降低鸡蛋的生产成本，为蛋鸡提供了再利用的可能性。产蛋量随着周期的增加而递减，第二个产蛋期比第一个产蛋期少产蛋10%，但鸡蛋个体重量增加，产蛋期延长，每个鸡蛋只承担较少的后备成本(固定成本)。

6. 生产组织管理

(1)饲料的供求平衡与利用　饲料的种类、数量、质量对家庭鸡场发展有直接的制约作用。

第一，广开饲料来源。充分利用饲料基地的资源供给，合理利用天然饲料资源，以利于就地取材，提供部分饲料，降低饲料成本。大连韩伟集团利用天然海带做成鸡饲料添加剂，生产出享誉国内外市场的"咯咯哒"品牌绿色鸡蛋。

第二，做好饲料供需平衡。饲料的数量和质量，决定家庭鸡场的种类和规模。因此，要做好饲料供需平衡工作。既要科学地预测各种饲料的需求量，又要积极组织饲料来源，在挖掘饲料潜力基础上，做好饲料供需平衡工作。具体方法，可通过编制平衡表来实现饲料供需的计划性。

第三，合理利用饲料资源。饲料是家庭鸡场生产运转的主要原料，饲料配合方式和饲料的投入量，对鸡的生长、发育及其产品形成有着密切的关系。在鸡生长发育过程中，不同种类、品种，以及同一品种的不同发育阶段，需要不同的营养成分。因此，家庭鸡场的生产，要改"有什么，喂什么"的传统饲养方式为"喂什么，有什么"，科学地利用全价配合饲料喂养，以利于提高料肉比和料蛋比。

(2)饲养管理规范

第一,规范饲养管理制度。包括饲养管理标准化制度,诸如良种繁育和推广制度、喂养制度、饲料供应制度、卫生防疫制度等。饲养管理责任制度,即责权利制度,包括:岗位责任制、定额计只(个)责任制、喂养承包责任制、综合承包责任制等。

第二,重视引进和改良品种。扩大优良品种的繁育和推广,提高优良品种率,是提高鸡产品产量和质量的关键。在引进优良品种的同时,应加强技术管理,防止品种退化,稳定产品质量。

第三,实行标准化生产运作。即按科学化管理要求,对鸡逐步实行按年龄、用途分组、分类的管理,合理确定不同组别的技术经济标准、饲料配方、饲养方法和饲养管理标准,以提高饲养生产管理水平。

第四,适度扩大饲养规模。根据生产发展水平和市场需求状况,适度扩大饲养规模,提高饲养机械化水平,逐步实施专业化养殖,以实现规模经济效益。

四、怎样签订家庭鸡场的经济合同

在家庭鸡场的经营管理过程中,必然涉及多方面的民事法律关系。例如,饲料的购买,鸡蛋的销售,鸡舍的兴建,技术设备的引进等。要想使这些民事法律行为得到有利的保护,必然要用合同这种形式来进行规范。

(一)经济合同的内容

家庭鸡场签订合同的种类很多,但其内容并不复杂,由当事人进行约定，现根据我国合同法并以“雏鸡定购合同”为例加以说明。

雏鸡订购合同

供方(甲):某孵化厂　　　　合同编号:×××

需方(乙):某养鸡场　　　　签订地点:×××

签订时间:×××

鉴于乙方为满足更新产蛋鸡群的需要与甲方达成定期购买雏鸡的合同，双方达成协议如下：

第一，甲方提供乙方××品种××雏鸡××××只，另外加2%路耗。

第二，每只雏鸡单价×元，合计金额×元。

第三，甲方分批供应，供雏日期分别如下:×年×月×日××××只，×年×月×日××××只。

第四，甲方提供的雏鸡必须满足乙方更新产蛋鸡群的需要，母雏鉴别率98%以上。

第五，甲方提供的雏鸡必须有××畜牧业质量检验单位出具的质量证明，保证为健雏，检验费由甲方自负。

第六，甲方于合同规定的供货日期送货到乙方鸡场所在地，费用风险由甲方自负。

第七，货款以现金支付，货到付款。乙方在合同生效之日起，10日内支付甲方××元的定金。

第八，甲方因故不能准时交货或数量不足，乙方的经济损失由甲方赔偿，每只雏鸡×元。乙方因故不要或延迟要雏，必须提前10天通知甲方，此期间内给甲方造成的损失由乙方赔偿，每只雏鸡×元。

第九，甲方应给雏鸡注射马立克氏疫苗，保证接种密度不低于98%，如在免疫期×月内发生本病，甲方负责赔偿经济损失××元。

第十，如雏鸡饲养一段时间后，乙方发现有质量问题（如品种不纯），经有关质量检验部门鉴定后，认为属实，则甲方赔偿乙方经济损失××元。本合同在履行过程中如发生争议，由当事人双方协商解决。协商不成，由××仲裁委员会仲裁。

供方（甲）：单位名称	需方（乙）：单位名称
单位地址	单位地址
法定代表人	法定代表人
委托代理人	委托代理人
电话	电话
电报挂号	电报挂号
开户银行	开户银行
账号	账号
邮政编码	邮政编码

有效期限×年×月×日至×年×月×日

从上述雏鸡定购合同的内容来看，并结合我国合同法第十二条的具体规定，合同一般必须具备以下主要条款。

1. 当事人的名称或姓名和住所　合同是双方当事人之间的协议，当事人是谁，住在何处或营业场所在何处应予明确。在合同事务当中，这一条款往往列入合同的首部。如上例中，供方是××，需方是××。

2. 标的　标的是合同法律关系的客体，是当事人权利义务共同指向的对象，它是合同不可缺少的条款，如上例中标的为雏鸡。

3. 数量　数量是以数字和计量单位来衡量标的的尺度。数量是确定标的的主要条款。在合同实物中，没有数量条款的合同是不具有效力的合同。在大宗交易的合同中，除规定具体的数量条款以外，还应规定损耗的幅度和正负尾差。如上例中第一款。

4. 质量 质量是标的的内在素质和外观形态的综合，包括标的的名称、品种、规格、标准、技术要求等。在合同实物中，质量条款能够按国家质量标准进行约定的，则按国家质量标准进行约定。

5. 价款或酬金 又称价金，是取得标的物或接受劳务的一方当事人所支付的代价，如上例中的总金额××。

6. 履行的期限、地点和形式 合同的履行期限，是指享有权利的一方要求对方履行义务的时间范围。它既是享有权利一方要求对方履行合同的依据，也是检验负有履行义务的一方是否按期履行或延迟履行的标准。履行地点是指合同当事人履行和接受履行规定合同义务的地点，如提货和交货地点。履行方式是指当事人采取什么办法来履行合同规定的义务。如交款方式、验收方法及产品包装等。

7. 违约责任 违约责任是指违反合同义务应当承担的民事责任。违约责任条款的设定，对于监督当事人自觉适当的履行合同，保护非违约方的合法权益具有重要意义。但违约责任不以合同规定为条件，即使合同未规定违约条款，只要一方违约，且造成损失，就要承担违约责任。

8. 解决争议的方法 是指在纠纷发生后以何种方式解决当事人之间的纠纷，如上例中第十款。当然，合同未约定此条款的，不影响合同的效力。

另外，合同是双方法律行为，可以在合同中约定其他条款。值得一提的是合同中有关担保问题，《中华人民共和国担保法》第九十三条明确规定：担保可以以合同的形式出现，也可以是合同中的担保条款。因此，双方当事人可以选择适用，如果单独订立担保合同，有如下选择，如保证合同、定金合同、抵押合同、质押合同。具体条款可参照担保法的规定。

(二)经济合同的签订、变更和解除

1. 经济合同的签订程序　合同的订立是合同当事人进行协商，使各方的意见表示趋于一致的过程。合同订立的一般程序从法律上可分为要约和承诺两个阶段。

(1)*要约*　要约是指一方当事人向他人做出的以一定条件订立合同的意见表示。前者称为要约人，后者称为受要约人。要约可以用书面形式做出，也可以以对话形式做出。对话形式的要约，受要约人了解时发生效力；书面形式的要约，于到达受要约人时发生效力。

(2)*承诺*　承诺是指受要约人同意要约内容缔结合同的意思。作为意见表示的承诺，其表示方式应与要约相一致，即要约以什么方式做出，承诺也应以什么方式做出。承诺的生效意味着合同的成立。因此，承诺生效的时间至关重要。依我国合同法，承诺在承诺期限内到达要约人时生效。

一般来说，一项合同的签订，往往不是一拍即成的。当事人双方要经过反复协商，这个反复协商的过程，实质上就是要约－新要约－再要约－再新要约，直至承诺，最后达成一致协议，合同便成立。

2. 经济合同的履行　合同的履行是指合同生效后，双方当事人按照约定全面履行自己的义务，从而使双方当事人的合同目的得以实现的行为。在合同履行过程当中要遵循诚实信用和协作履行的原则，对合同约定不明确的内容按照合同法第六十一条和第六十二条做如下处理。

合同生效后，当事人就质量、价款或者报酬、履行地点等

内容没有约定或者约定不明确的，可以协议补充；不能达成补充协议的，按照合同有关的条款或者交易习惯确定。如果当事人仍不能确定有关合同的内容，适用下列规定。

第一，质量要求不明确的，按照国家标准、行业标准履行；没有国家标准、行业标准的，按照通常标准或者符合合同目的的特定标准履行。

第二，价款或者报酬不明确的，按照订立合同时履行地的市场价格履行；依法应当执行政府定价或者政府指导价的，按照规定履行。

第三，履行地点不明确的，给付货币的在接受货币一方所在地履行；交付不动产的，在不动产所在地履行；其他标的，在履行义务一方所在地履行。

第四，履行期限不明确的，债务人可以随时履行，债权人也可以随时请求履行，但应该给对方必要的准备时间。

第五，履行方式不明确的，按照有利于实现合同目的的方式履行。

第六，履行费用的负担不明确的，由履行义务一方负担。

3. 合同的变更 我国合同法规定的合同的变更是指合同的内容的变更。合同变更的条件有：①原已存在合同关系；②合同内容已发生变化；③须遵守法律要求的方式。

合同变更须依当事人协议或依法律直接规定及裁决机构裁决，有时依形成债权人的意思表示。

4. 合同的解除 合同的解除是指合同有效成立以后，应当事人一方的意见表示或者双方协议，使基于合同发生的债权债务关系归于消灭的行为。合同解除分为约定解除和法定解除。

约定解除分为两种情况：一是在合同中约定了解除条件，

一旦该条件成立,合同解除;二是当事人未在合同中约定解除条件,但在合同履行完毕前,经双方协商一致解除合同。

法定解除是指出现了法律规定的解除事由:①因不可抗力致使不能实现合同目的,当事人可以解除合同;②在履行期限届满之前,当事人一方明确表示或者以自己的行为表示不履行主要债务的,对方可以解除合同;③当事人一方延迟履行主要债务,经催告后在合理期限内仍未履行的,对方可以解除合同;④当事人一方延迟履行债务或者有其他违约行为致使履行会严重影响订立合同所期望的经济利益的,对方可不经催告解除合同;⑤法律规定的其他情形。

在合同解除后,尚未履行的,不得履行;已经履行的,根据履行情况和合同的性质,当事人可以要求恢复原状或采取其他补救措施,并有权要求赔偿损失。

第三章　怎样做好家庭鸡场的经济核算

一、为什么要进行家庭鸡场的经济核算

（一）家庭鸡场经济核算的重要性

第一，只有实行经济核算，才能使家庭鸡场查明在生产中消耗了多少，盈余或亏损了多少，以及盈余与亏损的原因何在，从而为研究确定增产节约途径提供依据。

第二，只有实行经济核算，才能正确地计算经营成果，分清经济责任，对家庭鸡场工作人员实行有根据的奖惩，更好地贯彻按劳分配原则。

第三，只有实行经济核算，家庭鸡场才能更好地履行纳税义务，寻求信贷援助，提高资本运营的能力。

实践证明，如果不重视经济核算，就不可避免地要导致家庭鸡场各项经济工作的盲目性，造成各种不可估量的损失。

（二）家庭鸡场经济核算的内容和方法

1. 经济核算的内容　家庭鸡场生产经营活动中的经济核算，包括资金核算、生产成本核算和经营成果核算等内容。

资金核算是指对固定资金和流动资金的核算。固定资金核算是通过对固定资金利用情况的核算和分析，提高固定资金的利用率。流动资金的核算，主要是通过对流动资金循环周转过程的核算，尽可能缩短资金在生产和流通领域的周转

时间，提高周转速度。

生产成本核算是对产品生产过程中消耗的活劳动和生产资料的核算。成本核算是经济核算的中心环节。

经营成果核算就是对产品产量、产值和盈利的核算。产量是以实物形态反映生产经营成果的基本指标。产值是以价值形态反映生产经营成果的综合性指标。盈利核算是对纯收入的核算，盈利是综合反映生产经营最终成果的经济指标，盈利多意味着经营成果好；反之，则经营成果差。

2. 经济核算的方法 家庭鸡场经济核算常用的方法有3种：即会计核算法、统计核算法和业务核算法。

会计核算法是以货币形式为主要计量单位，对家庭鸡场的经济活动过程及其结果进行系统、全面地记载、计算和分析的一系列方法的总称。通常包括会计核算、会计分析和会计控制等内容。通过会计核算，可以全面反映各项财产和资金的增减情况，为正确地进行经济预测和决策提供可靠的数据。

统计核算法是运用科学的指标体系和系列统计方法，对大量的经济现象进行调查、分析的一种核算方法。其目的在于反映家庭鸡场的经济活动，从而找出事物发展的规律和趋势，为改善家庭鸡场经营管理提供科学依据。

业务核算法（也称业务技术核算法）是对家庭鸡场个别作业环节进行核算的方法，如核算饲料定额的执行情况、孵化设备利用率等。其任务在于更加具体地查明生产中的问题，并为会计核算和统计核算提供原始记录及数据。

以上3种核算方法密切联系，互相补充，形成一个有机的整体。只有3种核算方法互相配合起来，才能更好地发挥经济核算的作用。在3种核算中，会计核算尤为重要，本书主要介绍家庭鸡场的会计核算方法。

二、怎样进行家庭鸡场的会计核算

(一)家庭鸡场的资产核算

家庭鸡场的资产主要包括货币资金、应收及预付款、存货和固定资产等。

1. 资金核算

(1)现金的核算　家庭鸡场会计要严格加强现金管理,严格执行国家《现金管理暂行条例》,应健全现金管理责任制,配备专职出纳员负责办理现金存款的收付和保管,其他人员不得经管现金和存款。即要实行钱、账分管的原则,出纳“管钱不管账”,会计“管账不管钱”。严格执行国家现金管理制度和使用范围,超过库存限额的现金及时存入银行或信用社。出纳员收付现金时,须在凭证上加盖“收讫”或“付讫”戳记和名章,以防重复收款,重复报销。不得以白条抵充库存现金,不得挪用,不准公款私存,防止发生贪污、营私舞弊现象。

①现金的序时核算　为了详细地逐日逐笔反映库存现金收入的来源、付出的去向和结存的情况,家庭鸡场应设置和登记“现金日记账”,对库存现金进行序时核算,即根据已审核的现金收付原始凭证或记账凭证,按经济业务发生的先后顺序逐日逐笔登记,并每日结出余额,与库存现金核对。如发现长、短款要及时找出原因,妥善处理。出纳员要定期和会计员结账,并填制“现金凭证交接清单”,一式两联,经会计员审查无误后,双方盖章,一联交出纳员留存,另一联由会计员保存备查,以明确责任。现金凭证交接清单格式见表 3-1。

表 3-1　现金(存款)凭证交接清单

年　月　日　至　年　月　日　第　号

项　目	上期结存	本期收入		本期付出		本期结存
		张数	金额	张数	金额	
库存现金						
银行存款						

交接日期：　　　　会计员：　　　　出纳员：

②现金的总分类核算　为了总括地反映和监督家庭鸡场的现金收支和结存情况，应设置“现金”账户，进行总分类核算。该账户的借方登记现金的增加，贷方登记现金的减少，期末余额在借方，反映家庭鸡场实际持有的库存现金。现金业务核算举例如下。

[例 1] 某村金华鸡场从银行提取现金 500 元备用。

该业务导致家庭鸡场的现金增加，在银行的存款减少。会计分录为：

借：现金　　　　500

　贷：银行存款　　　　500

[例 2] 金华鸡场饲料员李平出差借款 1 000 元，以现金付讫。

该业务使家庭鸡场内部应收款增加，现金减少。会计分录为：

借：内部往来——李平　　1 000

　贷：现金　　　　　　　　1 000

(2)银行存款的核算　银行存款是家庭鸡场存放在银行或信用社的货币资金，它是货币资金的主要组成部分。为了加强存款的管理，国家规定：农副业均要在当地银行或信用社开立存款账户(结算户),以办理货币资金的存取和结算。与各单位之间发生的经济往来业务,除允许使用现金结算以外,均通过银行办理结算,并严格遵守结算原则与纪律。不得出租、出借账户,不得签发空头支票、远期支票,不准套取现金等。

①存款的序时核算　家庭鸡场要设置"银行存款日记账",进行序时核算。存款的收付业务,由出纳员负责办理。对存款收付的原始凭证,要经严格审核后,方能据此办理存款的收付,按时间顺序登记入账,期末余额与银行或信用社对账单核对。为确保存款安全,印鉴与支票不宜一人保管。

②存款的总分类核算　为了总体反映和监督存款的收支结存情况,家庭鸡场应设置"银行存款"账户,进行总分类核算。该账户的借方登记存款的增加,贷方登记存款的减少,期末余额在借方,反映家庭鸡场期末银行存款的余额。银行存款业务核算举例如下。

[例 1] 金华鸡场存入银行 1 000 元现金。

该业务导致金华鸡场的现金减少,银行存款增加。会计分录为:

借:银行存款　　　　　　1 000

　贷:现金　　　　　　　　　1 000

[例 2] 金华鸡场收到肉食鸡分场上交的利润 1 000 元。

该业务导致家庭鸡场的存款和收入增加。会计分录为:

借:银行存款　　　　　　1 000

　贷:发包及上交收入　　　　1 000

2. 应收款项的核算　家庭鸡场的应收款项划分为两类:一是家庭鸡场与外部单位和个人发生的应收及暂付款项;二是家庭鸡场与所属单位和个人发生的应收及暂付款项。

(1)*外部应收款项的核算*　外部应收款项是指家庭鸡场与外部单位或外部个人发生的各种应收及暂付款项。通过"应收款"账户进行核算。该账户借方登记应收及暂付外单位或个人的各种款项,贷方登记已经收回的或已转销的应收及暂付款项,余额在借方,反映尚未收回的款项。"应收款"应按对方单位、个人名称设置明细账户,进行明细分类核算。业务核算举例如下。

[例 1] 某村金华鸡场出售给超市 1 050 千克肉食鸡,每千克售价 18 元, 每千克单位成本 14 元,货款尚未收到。

该业务应该做两笔分录:一笔是应收款(18 900 元)和收入(18 900 元)的增加,另一笔是支出的增加(14 700 元)和库存物资(14 700 元)的减少。会计分录为:

借:应收款－某超市　　　　18 900

　贷:经营收入　　　　　　　18 900

同时,结转成本:

借:经营支出　　　　　　14 700

　贷:库存物资　　　　　　　14 700

[例 2] 金华鸡场收到某超市用转账支票偿还货款 18 900 元。

该业务导致家庭鸡场的存款增加,应收款项减少。会计分录为:

借:银行存款　　　　　　18 900

　贷:应收款－某超市　　　　18 900

(2)*内部应收款项的核算*　内部应收款项是指家庭鸡场与内部所属单位或个人发生的各种应收及暂付款项。内部应收款项通过"内部往来"账户进行核算。该账户是双重性质的账户,凡是家庭鸡场与所属单位或个人发生的往来业务,都通过本账户进行核算。它既核算家庭鸡场与所属单位或个人发生的应收及暂付款项,也核算各种内部应付及暂收款项。该账户借方登记与所属单位或个人发生的应收及暂付款和偿还的应付及暂收款;贷方登记与所属单位或个人发生的各种应付及暂收款项和收回的各种应收及暂付款。

为详细反映内部往来业务情况,家庭鸡场应按所属单位或个人名称设置明细账户,进行明细核算。各明细账户年末借方余额合计数,在资产负债表的"应收款项"项目内反映,各明细账户年末贷方余额合计数,在资产负债表的"应付款项"项目内反映。

内部往来业务核算举例如下。

[例 1] 因周转需要,某村金华鸡场向蛋鸡部门经理李东借现金 2 000 元。

该业务导致金华鸡场的现金和内部欠款同时增加。会计分录为:

借:现金　　　　　　　　2 000

　贷:内部往来－李东　　　　2 000

3. 存货的核算　家庭鸡场的存货是指在生产经营过程中持有的以备出售,或仍处于生产过程中,或者在生产、提供劳务过程中消耗的各种材料、物资等。家庭鸡场的存货包括饲料、鸡蛋等。

(1)存货的计价　购入的物资按买价、运费、装卸费、运输途中的合理损耗以及相关税金等入账。生产入库的产品,按生产的实际成本入账。领用或出售的存货,可在"先进先出法"、"加权平均法"、"个别计价法"中任选一种,但一经选定,不得随意变动。

(2)存货收发的核算　家庭鸡场的存货通过"库存物资"

账户进行核算,该账户借方登记外购、自制、委托加工完成、盘盈等增加物资的实际成本,贷方登记发出、领用、销售、盘亏、毁损等原因减少物资的实际成本,余额在借方,反映期末库存物资的实际成本。有关业务举例如下。

[例 1] 某村金华鸡场用存款购买玉米 8 吨,价值 8 000 元,已入库。

该业务导致金华鸡场的存款减少,库存玉米增加。会计分录为:

借:库存物资—玉米　　　　8 000

　贷:银行存款　　　　　　　8 000

[例 2] 某村金华鸡场出售当月入库的鸡蛋 1 000 千克,每千克 5 元,现金收讫。

该业务导致金华鸡场的现金和收入同时增加。会计分录为:

借:现金　　　　5 000

　贷:经营收入　　　　5 000

同时,结转已售鸡蛋的成本,借记"经营支出"账户,贷记"库存物资"账户。假设单位成本 3 元/千克,1 000 千克成本为 3 000 元。会计分录为:

借:经营支出　　　　3 000

　贷:库存物资—鸡蛋　　　　3 000

(3)存货清查的核算　家庭鸡场对存货要定期盘点核对,做到账、物相符。年终必须进行一次全面的盘点清查。盘盈的存货,按同类或类似存货的市场价格记入其他收入;盘亏、毁损和报废的存货,按规定程序批准后,按实际成本扣除责任人或者保险公司赔偿的金额和残料价值之后,记入其他支出。

[例 1] 某村金华鸡场年终财产清查中盘盈鸡饲料甲 40

千克，每千克市价 1.4 元，折价 56 元。经审核批准后记入“其他收入”。

借：库存物资—鸡饲料甲　　　　56

　贷：其他收入　　　　　　　　　56

[例 2] 某村金华鸡场年终盘点发现鸡饲料乙霉烂变质 100 千克，入库时每千克 1.2 元，折价 120 元。经核查，保管员李红在保管期间有责任，经协商由保管员承担 50 元的赔偿责任，其余 70 元由鸡场核销。

借：内部往来—李红　　　　50

　　其他支出　　　　　　　70

　贷：库存物资—鸡饲料　　　　120

4. 鸡资产的核算

(1)鸡资产计价原则

第一，购入的鸡按照买价及相关的税费等计价。

第二，鸡雏及育成鸡的饲养费用按实际成本计入资产成本。

第三，鸡死亡毁损时，按规定程序批准后，按实际成本扣除应由责任人或者保险公司赔偿的金额，余额计入其他支出。

(2)鸡资产的核算　鸡资产是指家庭鸡场资产中的动物资产，也是最主要的资产。应设置“鸡资产”账户进行核算。该账户借方登记购入、投资转入、接受捐赠等增加的鸡资产成本，以及雏鸡及育成鸡的饲养费用；贷方登记因出售、对外投资、死亡毁损等原因而减少的鸡资产成本；期末余额在借方，反映家庭鸡场雏鸡及育成鸡的资产价值。该账户应设置“雏鸡及育成鸡”、“成鸡”2 个二级账户核算。

①鸡资产增加的核算

[例 1] 某村金华鸡场从正大养鸡集团赊购鸡雏 2 000

只，总价值 6 000 元。

借：鸡资产—雏鸡及育成鸡　　　　6 000

　贷：应付款— 正大养鸡集团　　　　6 000

[例 2] 某村金华鸡场接受光明养鸡场投入成鸡 12 000 只，双方协议每只鸡 15 元。

借：鸡资产—成鸡　　　　180 000

　贷：资本—光明养鸡集团公司　　　　180 000

②鸡资产饲养费用的核算　雏鸡及育成鸡的饲养费用应予以资本化，计入鸡资产账户；成鸡的饲养费用作为期间费用，计入经营支出。

[例 3] 某村金华鸡场当年雏鸡发生如下费用：应付养鸡人员工资 24 000 元，喂鸡用饲料费 36 000 元，小计 60 000 元。

借：鸡资产—雏鸡及育成鸡　　　　60 000

　贷：应付工资　　　　24 000

　库存物资—饲料　　　　36 000

[例 4] 某村金华鸡场当年饲养成鸡的费用 30 000 元，用存款支付。

借：经营支出　　　　30 000

　贷：银行存款　　　　30 000

③鸡资产转换的核算　雏鸡成龄前，作为鸡资产中的雏鸡及育成鸡核算，成龄后要转为鸡资产中的成鸡。通过鸡"资产"账户进行明细核算。

[例 5] 某村金华鸡场赊购的 1 000 只雏鸡成龄转为成鸡，预计可使用 1.5 年，共计支付购雏鸡款 3 000 元，饲养费用 5 000 元。

成鸡的成本价 3 000（买价）＋5 000（饲养费用）＝8 000（元）

借:鸡资产— 成鸡　　　　　　　　8 000

　贷:鸡资产—鸡雏及育成鸡　　　　　　　　8 000

④成鸡成本摊销的核算　家庭鸡场成鸡的成本扣除预计残值后的部分,应在其正常生产周期内按直线法摊销,计入经营支出。预计净残值率按照成鸡成本的5%确定。

[例6] 某村金华鸡场当月摊销例5中转为成鸡的成本。

成鸡成本的月摊销额计算:

每年应摊销的金额=8000×(1−5%)÷1.5(年)=5066.7(元)

每月应摊销的金额=5066.7÷12=422.2(元)

编制当月摊销的会计分录如下:

借:经营支出　　　　422.2

　贷:鸡资产—成鸡　　　　422.2

5. 固定资产的核算

(1)固定资产的定义　家庭鸡场的房屋、建筑物、机器、设备、工具和器具等劳动资料,凡使用年限在1年以上,单位价值在500元以上的列为固定资产。有些主要生产工具和设备,单位价值虽低于规定标准,但使用年限在1年以上的也可列为固定资产。

(2)固定资产的计价原则　家庭鸡场应当根据具体情况,分别确定固定资产的入账价值。

第一,购入的固定资产,不需要安装的,按实际支付的买价加采购费、包装费、运杂费、保险费和交纳的有关税金等计价;需要安装或改装的,还应加上安装费或改装费。

第二,新建的房屋及建筑物、基本建设设施等固定资产,按竣工验收的决算价计价。

第三,接受捐赠的固定资产,应按发票所列金额加上实际发生的运输费、保险费、安装调试费和应支付的相关税金等计价；无凭据证明其价值的，按同类设备的市价加相关税费计价。

第四，在原有固定资产基础上进行改、扩建的，按改、扩建的净支出增加原有固定资产的价值计价。

第五，投资者投入的固定资产，按照投资各方确认的价值计价。

第六，盘盈的固定资产，按重置价值计价。

(3)固定资产增加的核算　为正确进行固定资产的核算，应设置“固定资产”、“累计折旧”和“在建工程”账户。“固定资产”和“累计折旧”账户，分别核算固定资产的原值和已提折旧。“在建工程”账户，核算家庭鸡场进行工程建设、设备安装、基本建设设施大修等发生的实际支出。

①购入的固定资产

[例 1] 某村金华鸡场购入需要安装的孵化器 1 台，以银行存款支付购置费 60 000 元，以现金支付安装费 5 000 元。

借：在建工程　　65 000

　贷：银行存款　　60 000

　　现金　　5 000

安装完工、验收合格交付使用后，按实际成本转账。

借：固定资产　　65 000

　贷：在建工程　　65 000

②自行建造的固定资产

[例 2] 某村金华鸡场自建鸡舍 2 栋，购入工程材料物资一批，价、税款共计 280 000 元，以银行存款支付。

借：库存物资　　280 000

　贷：银行存款　　280 000

工程领用材料物资 280 000 元。

借:在建工程—自营工程　　　　280 000

　贷:库存物资　　　　　　　　　　280 000

支付工程劳务费 6 000 元,其中 2 000 元以现金支付,其余用银行存款支付。

借:在建工程—自营工程　　　　6 000

　贷:现金　　　　　　　　　　　　2 000

　　银行存款　　　　　　　　　　4 000

房屋工程完工,验收合格后交付使用,按实际成本 286 000 元转入固定资产。

借:固定资产　　　　　　　　286 000

　贷:在建工程—自营工程　　　　286 000

③发包工程形成的固定资产

[例 3] 某村金华鸡场建造冷库一座,发包给建筑公司,工程价款 120 000 元。根据合同规定,开工时,以存款预付工程价款 60%(72 000 元),其余 40%(48 000 元)待工程竣工验收合格后一次付清。以银行存款预付工程价款 72 000 元。

借:在建工程—承包工程　　　　72 000

　贷:银行存款　　　　　　　　　　72 000

工程完工验收合格后,以银行存款补付工程价款 48 000 元。

借:在建工程—承包工程　　　48 000

　贷:银行存款　　　　　　　　　48 000

工程完工验收合格并交付使用后,结转工程全部支出 120 000 元。

借:固定资产　　　　　　　　120 000

　贷:在建工程—承包工程　　　　120 000

④改建、扩建的固定资产

[例 4] 某村金华鸡场决定对原有肉食鸡舍进行扩建，该鸡舍的原值为 70 000 元，已提折旧 20 000 元，以银行存款支付拆除费用 5 000 元，收回材料变价收入 1 000 元存入银行。该鸡舍的扩建承包给某建筑公司，合同规定一次支付其扩建材料、人工及管理费等承包价款共计 50 000 元。

支付拆除费用 5 000 元。

借：在建工程－承包工程　　5 000

　贷：银行存款　　5 000

收到拆除材料的变价收入 1 000 元。

借：银行存款　　1 000

　贷：在建工程－承包工程　　1 000

以银行存款支付承包单位承包费用 50 000 元。

借：在建工程－承包工程　　50 000

　贷：银行存款　　50 000

扩建工程完工验收合格，车间厂房交付使用，按 54 000 元转账。

借：固定资产　　54 000

　贷：在建工程－承包工程　　54 000

⑤投资者投入的固定资产

[例 5] 某村金华鸡场收到某公司投入已使用过的进口孵化器 1 台，双方约定其净值为 38 000 元，估计已提折旧 2 000 元。

借：固定资产　　40 000

　贷：资本　　38 000

　　累计折旧　　2 000

⑥接受捐赠的固定资产

[例 6] 某村金华鸡场接受捐赠已使用过的进口孵化器 1 台，估价 56 000 元。

借：固定资产　　　　　　56 000

　贷：公积公益金　　　　　　56 000

⑦盘盈的固定资产

[例 7] 某村金华鸡场年末在财产清查中，盘盈电机 1 台，同类电机市场价格 1 400 元。

借：固定资产　　　　1 400

　贷：其他收入　　　　1 400

(4) 固定资产折旧与修理的核算

①固定资产折旧的计提范围　家庭鸡场的下列固定资产应当计提折旧：A. 房屋和建筑物；B. 在用的机械、机器设备、运输车辆、工具器具；C. 季节性停用、大修理停用的固定资产；D. 融资租入和以经营租赁方式租出的固定资产。

下列固定资产不计提折旧：A. 房屋建筑物以外的未使用、不需用的固定资产；B. 以经营租赁方式租入的固定资产；C. 已提足折旧继续使用的固定资产；D. 国家规定不提折旧的其他固定资产。

家庭鸡场当月增加的固定资产，当月不提折旧，从下月起计提折旧。当月减少的固定资产，当月照提折旧，从下月起不提折旧。

固定资产提足折旧后，不管能否继续使用，均不再提取折旧；提前报废的固定资产，也不再补提折旧。

②固定资产折旧的计算方法　家庭鸡场固定资产的折旧方法可在“平均年限法”、“工作量法”等方法中任选一种，但是一经选定，不得随意变动。提取折旧时，可以采用个别折旧

率，也可以采用分类折旧率或综合折旧率计提。

A. 平均年限法。平均年限法是在固定资产规定的使用年限内，平均计提折旧的一种方法。采用这种方法，每年计提的折旧额是相等的，并且累计的折旧数呈直线上升，所以也称直线法。其计算公式如下。

$$\text{固定资产年折旧额}=\frac{\text{固定资产原值}-\text{预计净残值}}{\text{预计使用年限}}$$

$$\text{固定资产月折旧额}=\frac{\text{固定资产年折旧额}}{12}$$

$$\text{固定资产年折旧率}=\frac{\text{固定资产年折旧额}}{\text{固定资产原值}}\times 100\%$$

$$\text{固定资产月折旧率}=\frac{\text{固定资产年折旧率}}{12}\times 100\%$$

[例 8] 某村金华鸡场一座仓库原值为 20 000 元，预计残值 3 000 元，清理费用 1 000 元，预计可使用 30 年。则：

年折旧额 $=[20000-(3000-1000)]\div 30=600$（元）

年折旧率 $=600\div 20000\times 100\%=3\%$

B. 工作量法。工作量法是按固定资产在使用年限内能够提供的工作量计算折旧额的一种方法。采用工作量法计算固定资产的折旧额时，要先根据其原值、预计净残值及预计完成的总工作量（如总行驶里程、总工作小时、总产品数量等）3 个因素，计算出单位工作量折旧额，然后再用其乘以某期实际完成的工作量，求得该期的固定资产折旧额。具体计算公式如下。

$$\text{单位工作量的折旧额}=\frac{\text{固定资产原值}-\text{预计净残值}}{\text{预计使用年限}}$$

年（月）折旧额＝某年（月）实际完成工作量×单位工作量折旧额。

[例 9] 某村金华鸡场有一台设备，原价 78 000 元，预计可以使用 75 000 小时，预计残值收入 5 000 元，清理费用为 2 000 元，本年实际使用该设备 9 000 小时。则该项固定资产的月折旧额为：

$$每小时折旧额=\frac{78000-(5000-2000)}{75000}=1(元)$$

月折旧额=(9000÷12)×1=750(元)

③固定资产折旧的账务处理　家庭鸡场生产经营用的固定资产计提的折旧，应计入生产（劳务）成本；管理用的固定资产计提的折旧，应计入管理费用；用于公益性用途的固定资产计提的折旧，应计入其他支出。

[例 10] 某村金华鸡场本年应计提固定资产折旧 29 600 元，其中生产经营用固定资产折旧 21 600 元，管理用固定资产折旧 3 000 元，公益性固定资产折旧 5 000 元。

借：生产（劳务）成本　　21 600
　　管理费用　　　　　　3 000
　　其他支出　　　　　　5 000
　贷：累计折旧　　　　　　　29 600

④固定资产修理的核算　家庭鸡场固定资产的修理费用，直接计入有关支出项目。

[例 11] 某村金华鸡场以现金支付运蛋车修理费 300 元，会议室扩音器修理费 200 元，文化活动场所修理费 400 元。

借：经营支出　　　　300
　　管理费用　　　　200
　　其他支出　　　　400
　贷：现金　　　　　　　900

(5)固定资产减少的核算

①固定资产清理的核算　家庭鸡场应设置“固定资产清理”账户，核算因出售、报废和毁损等原因转入清理的固定资产净值，以及在清理过程中所发生的清理费用和清理收入。清理完毕后，如为净收益，转入其他收入；如为净损失，转入其他支出。

[例 12] 某村金华鸡场将 1 台不用的机器对外出售，其账面原值为 10 000 元，累计已提折旧 4 000 元，协议价 7 000 元。收到价款转存银行，另以现金支付设备拆除及运杂费用 300 元。注销转入清理的机器原价及累计折旧。

借：固定资产清理　　6 000
　　累计折旧　　4 000
　贷：固定资产　　10 000

借：银行存款　　7 000
　贷：固定资产清理　　7 000

借：固定资产清理　　300
　贷：现金　　300

结转该机器清理净收益 700 元。

借：固定资产清理　　700
　贷：其他收入　　700

②固定资产盘亏的核算　家庭鸡场盘亏的固定资产，应查明原因，按规定程序批准后，按其原价扣除累计折旧、变价收入、过失收入及保险公司赔款之后，计入其他支出。

[例 13] 某村金华鸡场在财产清查中，盘亏电机 1 台，原价 2 000 元，已提折旧 800 元。经查明属保管人员看护失误，决定由其赔偿现金 300 元。

借:现金　　　　300
　其他支出　　　900
　累计折旧　　　800
　贷:固定资产　　　　2 000

(二)家庭鸡场负债的核算

负债是指家庭鸡场因过去的交易、事项形成的现时义务,履行该义务预期会导致经济利益流出。负债按偿还期限可分为流动负债和长期负债。流动负债是指偿还期在1年以内(含1年)的债务,包括短期借款、应付款项、应付工资、应付福利费等。长期负债是指偿还期超过1年以上(不含1年)的债务,包括长期借款及应付款等。

家庭鸡场的负债按实际发生额计价,利息支出计入其他支出。对发生因债权人特殊原因确实无法支付的应付款项,计入其他收入。

1. 流动负债的核算

(1)短期借款的核算　短期借款是指从银行、信用社和有关单位、个人借入的期限在1年以下(含1年)的各种借款。通过“短期借款”账户进行核算。该账户属于负债类账户,贷方登记取得的短期借款,借方登记归还的短期借款。该账户按借款单位或借款人名称设置明细账户。

[例1] 某村金华鸡场向银行借入半年期借款5 000元,款存银行。

借:银行存款　　　　5 000
　贷:短期借款　　　　5 000

[例2] 某村金华鸡场从银行借的5 000元,于6个月后用银行存款支付本息5 300元。

借:短期借款　　　　5 000
　其他支出　　　　300
　贷:银行存款　　　　5 300

(2)应付款的核算　应付款是指家庭鸡场与外单位和外部个人发生的偿还期在1年以下(含1年)的各种应付及暂收款项。应付及暂收款的核算,应设置"应付款"账户,该账户属于负债类账户。按对方单位和个人名称设置明细账户,进行明细核算。发生应付及暂收款时,借记"银行存款"、"库存物资"等账户,贷记该账户;实际支付款项时,借记该账户,贷记"现金"、"银行存款"等账户;期末贷方余额反映家庭鸡场应付而未付及暂收的款项总额。

[例3] 某村金华鸡场从强大饲料公司购入一批饲料已入库,货款2 000元暂欠。

借:库存物资—饲料　　　　2 000
　贷:应付款—强大饲料公司　　　　2 000

[例4] 某村金华鸡场有一笔应付款200元,因原债权单位撤销确实无法支付,经批准核销。

借:应付款　　　　200
　贷:其他收入　　　　200

(3)应付工资的核算　应付工资是指家庭鸡场应付给管理人员及固定员工的工资报酬。这些工资、奖金、津贴、福利补助等,不论是否在当月支付,都应通过"应付工资"账户进行核算,该账户为负债类账户。结转工资时,根据人员岗位,分别借记"管理费用"、"生产(劳务)成本"、"鸡资产"、"在建工程"等账户,贷记该账户;实际发放工资时,借记该账户,贷记"现金"等账户;期末贷方余额反映尚未支付的工资。该账户按管理人员和固定员工的类别及工资的组成内容设置明细账，进行明细核算。家庭鸡场应付给临时员工的报酬，不通过“应付工资”账户核算，在“应付款”或“内部往来”账户中核算。

[例 5] 某村金华鸡场提取固定员工 2005 年 5 月份的工资报酬 20 000 元。

借：生产（劳务）成本—包装材料　　20 000

　贷：应付工资　　20 000

[例 6] 某村金华鸡场按规定提取并以现金发放 2005 年 10 月份管理人员工资 3 000 元。

借：管理费用　　3 000

　贷：应付工资　　3 000

借：应付工资　　3 000

　贷：现金　　3 000

（4）应付福利费的核算　应付福利费是指家庭鸡场从收益中提取，用于集体福利、文教、卫生等方面的福利费用（不包括兴建集体福利等公益设施支出），包括职工因公伤亡的医药费、生活补助及抚恤金等。家庭鸡场应设置“应付福利费”账户进行核算，该账户属于负债类账户。从收益中提取福利费时，借记“收益分配”账户，贷记该账户；发生福利费支出时，借记该账户，贷记“现金”、“银行存款”等账户；期末贷方余额反映家庭鸡场已提取但尚未使用的福利费金额；如为借方余额，反映本年福利费超支金额，经批准后，应按规定转入“公积公益金”账户的借方，未经批准的超支数额，仍保留在该账户的借方。该账户应按支出项目进行明细核算。

[例 7] 某村金华鸡场年终经批准从收益中提取福利费 10 000 元。

借：收益分配—各项分配　　10 000

　贷：应付福利费　　10 000

[例 8] 某村金华鸡场以现金支付某职工因公负伤治疗费500 元。

借:应付福利费　　　500

　贷:现金　　　500

2. 长期负债的核算　主要是指长期借款及应付款的核算。长期借款及应付款是指家庭鸡场从银行、信用社和有关单位、个人借入的期限在 1 年以上(不含 1 年)的借款及偿还期在 1 年以上(不含 1 年)的应付款项。家庭鸡场应设置“长期借款及应付款”账户,该账户属于负债类账户。发生长期借款及应付款时,借记“现金”、“银行存款”、“库存物资”、“固定资产”等账户,贷记该账户;归还和偿付长期借款及应付款时,借记该账户,贷记“现金”、“银行存款”等账户;期末贷方余额反映家庭鸡场尚未归还和偿付的长期借款及应付款总额。利息支出借记“其他支出”账户,贷记“现金”、“银行存款”等账户。发生确实无法偿还的长期借款及应付款时,借记该账户,贷记“其他收入”账户。长期借款及应付款要按借款及应付款单位和个人设置明细账户,进行明细核算。

[例 9] 2005 年 11 月,金华鸡场与外商签订合同,采用补偿贸易方式引进需要安装的肉食鸡深加工设备 1 套,设备款100 000 元,约定投产后以产品分 5 年偿还。

借:在建工程－肉食鸡加工设备　　　100 000

　贷:长期借款及应付款－某外商　　　100 000

[例 10] 某村金华鸡场以信用社存款偿还 1 年前从乡财政所借入的低息农业开发资金 15 000 元,支付利息 600 元。

借:长期借款及应付款－乡财政　　　15 000

　其他支出－利息支出　　　600

　贷:银行存款－利息支出　　　15 600

(三)家庭鸡场所有者权益的核算

1. 所有者权益的内容 所有者权益是家庭鸡场的所有者对家庭鸡场净资产的所有权。在数量上等于家庭鸡场全部资产减去全部负债后的余额,通常包括资本、公积公益金和未分配收益3部分内容。

(1)资本 资本是投资者实际投入家庭鸡场的各种资产的价值。家庭鸡场对筹集的资本依法享有经营权,投资者除依法转让外,一般不得随意抽走。按照投资主体不同,家庭鸡场的资本分为外单位资本和个人资本等。

(2)公积公益金 公积公益金是家庭鸡场从收益中提取的和其他来源取得的用于扩大生产经营、承担经营风险及集体公益事业的专用基金。

(3)未分配收益 未分配收益是家庭鸡场可分配收益按收益分配方案分配后的余额,是留于以后年度分配的收益。如有未弥补亏损,则作为所有者权益的减项反映。

2. 所有者权益的核算

(1) 资本的核算

①投入资本的计价原则

A. 现金投资。投资者投入的人民币,按实际收到的金额入账。投入的外币,应按规定的汇价折合成人民币记账;如果协议、章程中未作规定,应按收款日的市场汇价折合成人民币记账。

B. 实物投资。投资者投入房屋、运输工具、建筑材料等实物资产,按双方确认的价值计价。投资者以实物投资,必须出具资产所有权和处置权的证明。投资者不得以租赁的资产或已作为担保物的资产进行投资。

C. 劳务投资。投资者投入劳务，按当地劳务价格标准作价入账。

D. 无形资产投资。指投资者以专利权、非专利技术、商标权、特许经营权、场地使用权进行的投资。投资者投入的无形资产，应按评估确认的价值入账。

②资本的核算　为反映投资人实际投入的资本以及资本的增减变化情况，应设置"资本"账户。该账户属于所有者权益类账户，贷方登记实际收到的资本及以公积公益金转增的资本数额，借方登记按规定程序批准减少的资本，期末贷方余额反映家庭鸡场实际拥有的资本总额。该账户应按投资者设置明细账户，进行明细核算。

A. 货币资金投入的核算。家庭鸡场收到投资者以货币资金投资时，按实际收到的金额借记"现金"、"银行存款"等账户，贷记"资本"账户。

[例 1] 某村金华鸡场收到某农户投资 5 000 元，存入开户行。

借：银行存款　　　　　　　5 000

　贷：资本—某农户资本　　　　　5 000

B. 固定资产投入的核算。家庭鸡场收到投资者投入固定资产时，按照投资双方确认的价值，借记"固定资产"账户，贷记"资本"账户。确认价值与该固定资产账面价值的差额作为已提折旧处理。

[例 2] 某单位向金华鸡场投入农用三轮运货车 1 台，双方确认价值 30 000 元。

借：固定资产　　　　　　30 000

　贷：资本—某单位资本　　　　30 000

C. 无形资产投入的核算。收到投资者投入无形资产时，按评估确认价借记“无形资产”账户，贷记“资本”账户。

[例 3] 金华鸡场收到外单位投入专利权一项，评估价50 000元。

借：无形资产　　50 000

　贷：资本—外单位资本　　50 000

D. 材料物资等投入的核算。收到投资者投入的材料物资时按投资双方确认的价值，借记“库存物资”账户，贷记“资本”账户。

[例 4] 金华鸡场收到某单位投入饲料一批，评估确认价13 000 元。

借：库存物资　　13 000

　贷：资本—外单位资本　　13 000

E. 以劳务形式投资的核算。以劳务形式向家庭鸡场进行投资时，按当地劳务价格标准，借记“在建工程”等账户，贷记“资本”账户。

[例 5]某农户以劳务形式向金华鸡场投资。家庭鸡场建蛋鸡鸡舍时，该农户投工 100 个，每个工日作价 10 元。

借：在建工程—蛋鸡鸡舍　　1 000

　贷：资本—某农户资本　　1 000

F. 公积公益金转增资本的核算。家庭鸡场经批准以公积公益金转增资本时，借记“公积公益金”账户，贷记“资本”账户。

[例 6]金华鸡场将公积公益金 20 000 元转增资本。

借：公积公益金　　20 000

　贷：资本　　20 000

G. 投资者收回投资的核算。投资者按规定程序收回投资时，借记“资本”账户，贷记“银行存款”、“固定资产”等有关账户。

[例 7] 某外单位按协议收回投资 10 000 元,金华鸡场以银行存款支付。

借:资本—外单位资本　　10 000

　贷:银行存款　　10 000

(2)公积公益金的核算　为了反映家庭鸡场公积公益金的来源和使用情况,应设置"公积公益金"账户。该账户属于所有者权益类账户,贷方登记从收益中提取和资本溢价、接受捐赠等增加的公积公益金,借方登记按规定转增资本、弥补亏损、兴建公益设施等减少的数额,贷方余额反映公积公益金数额。

①从收益中提取公积公益金　从收益中提取公积公益金时,借记"收益分配—各项分配"账户,贷记"公积公益金"账户。

[例 8] 年终,金华鸡场从当年的收益中提取公积公益金 12 000 元。

借:收益分配—提取公积公益金　　12 000

　贷:公积公益金　　12 000

②资本溢价的核算　资本溢价通常有两种情况,一是在合资经营的情况下,新加入的投资者投入的资本,不一定全部按实收资本入账,入账资本一般低于实收资本。这是由于投资时间不同,对家庭鸡场所做的贡献不同,投资者所享有的权利也不同。所以,新加入的投资者通常要付出大于原有投资者的出资额,才能取得与原投资者相同的投资比例。新投资者投入的资本中按其投资比例计算的出资额,记入"资本"账户。实际投资额与其入账资本的差额,作为资本溢价,记入"公积公益金"账户。二是家庭鸡场接受投资者以外币投资

时，需要折合成人民币（记账本位币）记账，因记账汇率不同，资产的折算数额大于资本折算数额，其差额为资本溢价。资本溢价不能作为资本入账，只能计入公积公益金，作为所有投资者的公共积累，留在家庭鸡场内。

[例 9] 根据金华鸡场和某外单位签订的投资协议，该单位向金华鸡场投资 25 000 元，款存银行。协议约定入股份额占家庭鸡场股份的 25%，金华鸡场原有资本 60 000 元。

该单位投入到家庭鸡场的资金 25000 元中，能够作为资本入账的数额是 20 000 元，其余的 5 000 元，只能作为资本溢价，记入“公积公益金”账户。

借：银行存款　　　　　　25 000
　　贷：资本—外单位资本　　　　20 000
　　　　公积公益金　　　　　　　5 000

[例 10] 金华鸡场收到外商投入港币 420 000 元，合同约定的汇价为 1.05，当日市场汇价为 1.1。按当日市场汇价，金华鸡场应收到 420000×1.1=462 000 元人民币，而按合同只能有 420 000×1.05=441 000 元人民币，作为资本溢价，记入“公积公益金”账户。

借：银行存款　　　　　　462 000
　　贷：资本—外商资本　　　　441 000
　　　　公积公益金　　　　　　21 000

③资产重估增值的核算　资产重估增值，是指家庭鸡场对外投资或清产核资时，财产的重估价值高于原账面价值。其重估价值与原账面价值的差额，应记入“公积公益金”账户。

[例 11] 金华鸡场以一鸡舍对外联营投资，该鸡舍原账面价值 200 000 元，已提折旧 30 000 元，双方协议作价 190 000 元。

借:长期投资—其他投资　　190 000
　累计折旧　　30 000
　贷:固定资产　　200 000
　　公积公益金　　20 000

④接受捐赠的核算　地方政府、社会团体、个人捐赠的资产,是对家庭鸡场的一种援助行为,是一种无偿投资,所以捐赠人不是所有者,这种投资不形成资本。家庭鸡场接受货币捐赠,按实际到的捐赠数,借记"现金"、"银行存款"账户,贷记"公积公益金"账户;接受固定资产捐赠,应按发票所列金额加上实际发生的运输费、保险费、安装调试费和应支付的相关税金等计价,无所附凭据的,按同类设备的市价加上应支付的相关税费计价。

[例 12] 金华鸡场收到乡政府捐赠新孵化器 1 台,发票价 28 000 元。

借:固定资产　　28 000
　贷:公积公益金　　28 000

⑤用公积公益金转增资本的核算　参见资本的核算。

⑥用公积公益金弥补亏损的核算　家庭鸡场以公积公益金弥补亏损时,借记"公积公益金"账户,贷记"收益分配—未分配收益"账户。

[例 13] 金华鸡场用公积公益金弥补上年度亏损 4 500 元。

借:公积公益金 4 500

贷:收益分配—未分配收益 4 500

⑦用公积公益金弥补应付福利费不足的核算　参见流动负债"应付福利费"的核算。

⑧用公积公益金购建集体福利公益设施的核算　用公积

公益金购建集体福利公益设施时，借记“固定资产”、“在建工程”等账户，贷记“现金”、“银行存款”等账户。需要注意的是，用公积公益金购建集体福利公益设施时，在账务上并不冲减公积公益金。

[例 14]金华鸡场用公积公益金为村小学购买教学设备一套，价值 20 000 元。

借：固定资产　　　　20 000

　贷：银行存款　　　　20 000

(3)未分配收益　是指家庭鸡场历年积存的未作分配的收益，属于所有者权益的组成部分。未分配收益有两层含义：一是留待以后年度处理的收益；二是未指定特定用途的收益。从数量上讲，未分配收益是年初未分配收益加上本年实现的收益总额，减去当年各项分配后的余额。家庭鸡场应在“收益分配”账户下设置“未分配收益”二级账户。年终，家庭鸡场应将全年实际净收益(或亏损)自“本年收益”账户转入“收益分配－未分配收益”账户，同时将“收益分配—各项分配”二级账户的余额转入“收益分配—未分配收益”二级账户，若为贷方余额，表示历年积累的未分配收益；若为借方余额，表示历年未弥补亏损。

(四)收入与成本的核算

1. 收入的核算　家庭鸡场的收入是指销售商品、提供劳务等日常经营活动及行使管理、服务职能所形成的经济利益的总收入。

(1)收入范围及其确认

①收入的范围　家庭鸡场的收入主要来自 3 个方面：一是自身生产经营活动取得的收入；二是农户及所属单位上交

的承包金及利润；三是国家有关部门的政策补助。具体来说，可以分为经营收入、发包及上交收入、财政等有关部门政策补助收入及其他收入4个部分。

②收入的确认　家庭鸡场按以下原则确认收入的实现。

第一，家庭鸡场一般于产品物资已经发出，劳务已经提供，同时收讫价款或取得收取价款的凭据时，确认经营收入的实现。

第二，家庭鸡场在已收讫农户、承包单位上交的承包金或取得收取款项的凭据时，确认发包及上交收入的实现。年终，按照权责发生制的原则，确认应收未收款项的实现。

第三，家庭鸡场在实际收到上级有关部门的补助或取得有关收取款项的凭据时，确认补助收入的实现。

第四，家庭鸡场在发生固定资产、产品物资盘盈，实际收讫利息、罚款等款项时，确认其他收入的实现。

(2)收入业务的核算

①经营收入的核算　经营收入是指家庭鸡场当年发生的各项经营收入。家庭鸡场应设置“经营收入”账户，取得收入时，借记“银行存款”、“现金”等账户，贷记该账户；年终结转时，借记该账户，贷记“本年收益”账户，结转后该账户应无余额。该账户按经营项目进行明细核算。

[例1]金华鸡场出售上月入库鸡蛋一批，计价4 500元，款存银行。该批鸡蛋入库成本为3 500元。

借：银行存款　　　　　　　　4 500

　贷：经营收入—鸡蛋销售收入　　4 500

借：经营支出—鸡蛋销售支出　　3 500

　贷：库存物资—鸡蛋　　　　　　3 500

[例2]金华鸡场对外技术指导，收取劳务费5 000元，存

银行。

借:银行存款　　　　　　　5 000

　贷:经营收入—劳务收入　　　　5 000

②发包及上交收入的核算　发包及上交收入是指农户和其他单位承包家庭鸡场鸡舍等上交的利润。家庭鸡场应设置“发包及上交收入”账户。收到上交的承包金或利润时,借记“现金”、“银行存款”等账户,贷记该账户。年终结算未收的承包金和利润时,借记“内部往来”、贷记该账户,年终将该账户贷方余额转入“本年收益”账户,结转后,该账户应无余额。发包及上交收入账户应设置“承包金”、“上交利润”两个二级账户,并按具体项目进行明细核算。

[例 3] 金华鸡场收到农户张三虎交来承包肉仔鸡鸡舍的承包金 8 000 元。

借:现金　　　　　　　　　　　　　8 000

　贷:发包及上交收入—承包金—肉食鸡鸡舍　　8 000

[例 4] 年终,结算有关承包户当年应交未交的承包金5 000元。

借:内部往来—有关农户　　　　　5 000

　贷:发包及上交收入—承包金　　　　5 000

③补助收入的核算　补助收入是指家庭鸡场收到财政等有关部门的补助资金。家庭鸡场应设置“补助收入”账户进行核算。收到补助资金时,借记“银行存款”等账户,贷记该账户。年终结转收益时,借记该账户,贷记“本年收益”账户,结转后该账户无余额。

[例 5]金华鸡场收到乡财政所从银行转来的补助款50 000 元。

借:银行存款　　　　　50 000

　贷:补助收入　　　　　　50 000

④其他收入的核算　其他收入是指家庭鸡场除经营收入、发包及上交收入和补助收入以外的其他收入,如罚款收入,存款利息收入,固定资产及库存物资的盘盈收入等。家庭鸡场应设置“其他收入”账户进行核算。发生其他收入时,借记“现金”、“银行存款”等账户,贷记该账户。年终结转时,借记该账户,贷记“本年收益”账户,结转后该账户无余额。

[例 6]金华鸡场根据场规对其职工李某损坏家庭鸡场财产行为罚款 2 000 元,款存银行。

借:银行存款　　　　　　　　　2 000

　贷:其他收入—罚款收入　　　　　2 000

[例 7]金华鸡场在财产清查时盘盈饲料 3 袋,估价 750 元。

借:库存物资—饲料　　　　　　　750

　贷:其他收入—物资盘盈收入　　　　750

2. 成本的核算　家庭鸡场的生产(劳务)成本是指直接组织生产或对外提供劳务等活动所发生的各项生产费用和劳务成本。

(1)成本项目　家庭鸡场成本项目是指生产、加工鸡产品和对外提供劳务发生的直接费用,也包括生产产品和提供劳务而发生的间接费用。

(2)成本核算　家庭鸡场应设置“生产(劳务)成本”账户,进行成本核算。该账户属于成本类账户,借方反映按成本核算对象归集的各项生产费用和劳务成本,贷方反映完工入库产品和已实现销售的劳务成本,期末借方余额反映在产品或尚未实现销售的劳务成本。该账户按生产费用和劳务成本的种类进行明细核算。

①鸡产品成本核算　鸡产品成本的核算，基本上是按分群核算进行的。分群核算时又可分为基本鸡群、雏鸡及肉食鸡群、人工孵化鸡群 3 个群别。

基本鸡群的主产品是鸡蛋，副产品是羽毛和禽粪等。成本计算的指标是鸡蛋的单位成本。其计算公式为：

$$\text{鸡蛋单位(千克)成本}=\frac{\text{该群饲养费用总额}-\text{副产品价值}}{\text{全年鸡蛋产量(千克)}}$$

雏鸡及肉食鸡是指 1 日龄开始，发育长成出售为止。雏鸡及肉食鸡的饲养目的，一是为培育基本鸡群，二是供人们肉食。因此，其主产品是增重量，副产品是羽毛和禽粪。成本计算的指标有：增重单位成本和每只雏鸡及肉食鸡成本。其计算公式为：

$$\text{雏鸡及肉食鸡成本}=\frac{\text{该群饲养费用总额}-\text{副产品价值}}{\text{增重量}}$$

$$\text{每只雏鸡及肉食鸡成本}=\frac{\text{期初全部价值}+\text{购转入价值}+\text{当年饲养费用}-\text{副产品价值}}{\text{期末饲养只数}+\text{转群和出售只数}}$$

人工孵化鸡群是指从种蛋入孵至雏鸡出孵 1 昼夜为止。其主产品是孵出 1 昼夜的雏鸡，副产品为废蛋。成本计算是每只雏鸡成本。其计算公式为：

$$\text{每只雏鸡成本}=\frac{\text{全部孵化费用}-\text{副产品价值}}{\text{成活 1 昼夜的雏鸡只数}}$$

②劳务成本核算　对外提供劳务的成本核算，按成本对象归集费用，直接或分别计入劳务成本，借记“生产(劳务)成本”账户，贷记“库存物资”、“应付工资”、“内部往来”、“应付款”、“现金”等账户。对外提供劳务实现销售时，借记“经营支

出"账户,贷记"生产(劳务)成本"账户。

[例 1] 金华鸡场承包了 2005 年红星养鸡场成鸡疫苗注射项目,合同约定 10 月下旬进行接种,红星养鸡场提供疫苗注射设备,疫苗注射报酬与注射量挂钩,每只鸡 0.80 元。家庭鸡场履行合同,按时作业。共注射成鸡 7 500 只,疫苗注射报酬 6 000 元已存入银行。接种时共支付食宿费 500 元,交通费 150 元,注射人员保险费 800 元,暂欠家庭鸡场注射作业报酬 3 600 元。

A. 归集注射期间发生费用时

借:生产(劳务)成本—成鸡疫苗注射　　5 050

　贷:现金　　1 450

　　应付工资　　3 600

B. 收到疫苗注射报酬时

借:银行存款　　6 000

　贷:经营收入—劳务收入　　6 000

同时,结转疫苗注射成本

借:经营支出　　5 050

　贷:生产(劳务)成本－成鸡疫苗注射　　5 050

3. 费用的核算

(1)费用的概念　家庭鸡场的费用是指进行生产经营和管理活动所发生的各种耗费的总和,包括经营支出、管理费用和其他支出等。

(2)费用的核算　家庭鸡场的费用支出分为两大类,一类是经营性支出,是指与生产、服务等直接经营活动有关的支出,如经营支出;另一类是非经营性支出,是指与生产经营活动没有直接关系的支出,如管理费用、其他支出等。

①经营支出的核算　经营支出是指家庭鸡场因销售商

品、对外提供劳务等活动而发生的实际支出。包括销售商品的成本、对外提供劳务的成本、维修费、运输费、保险费、饲养费用及其成本摊销等。

家庭鸡场应设置“经营支出”账户对经营支出进行核算。发生经营支出时，借记该账户，贷记“库存物资”、“生产(劳务)成本”、“应付工资”、“内部往来”、“应付款”、“鸡资产”等账户。年终结转时，借“本年收益”账户，贷记该账户，结转后，该账户无余额。家庭鸡场应按经营支出的项目进行明细核算。

[例1]金华鸡场以现金250元支付鸡舍劳务费。

借:经营支出　　　　250

　贷:现金　　　　　　250

[例2]金华鸡场出售库存鸡蛋一批，价款30 000元，款存入银行。该批鸡蛋的成本为28 000元。

借:银行存款　　　　30 000

　贷:经营收入　　　　30 000

借:经营支出　　　　28 000

　贷:库存物资—鸡蛋　　28 000

[例3]金华鸡场修理孵化器共发生修理费用950元，以现金支付。

借:经营支出　　　　950

　贷:现金　　　　　　950

②管理费用的核算　管理费用是指家庭鸡场管理活动发生的各项支出，包括管理人员的工资、办公费、差旅费、管理用固定资产折旧费和维修费等。

家庭鸡场应设置“管理费用”账户进行核算。发生管理费用时，借记该账户，贷记“应付工资”、“现金”、“银行存款”、“累计折旧”等账户。年终结转时，借记“本年收益”账户，贷记该账户，结转后，该账户应无余额。管理费用分别设置“办公费”、“差旅费”、“折旧费”、“管理人员报酬”等明细账户，进行明细核算。

[例 4]金华鸡场提取并支付本月管理人员工资 25 450 元。

借：管理费用－管理人员报酬　　25 450

　贷：应付工资　　　　　　　　　25 450

借：应付工资　　25 450

　贷：现金　　　　25 450

[例 5]金华鸡场提取本年度办公楼折旧费 5 650 元。

借：管理费用－折旧费　　5 650

　贷：累计折旧　　　　　　5 650

③其他支出的核算　其他支出是指家庭鸡场与经营管理活动无直接关系的支出。如公益性固定资产折旧费用、利息支出、鸡资产的死亡毁损支出、固定资产及库存物资的盘亏、损失、防汛抢险支出、无法收回的应收款项损失、罚款支出等。

家庭鸡场应设置“其他支出”账户进行核算。发生其他支出时，借记该账户，贷记“累计折旧”、“现金”、“银行存款”、“库存物资”、“应付款”等账户。年终结转时，借记“本年收益”账户，贷记该账户，结转后，该账户无余额。

[例 6]金华鸡场结转已清理完毕的办公房屋的净损失 1 200 元。

借：其他支出－固定资产清理损失　　1 200

　贷：固定资产清理　　　　　　　　　1 200

[例 7] 金华鸡场丢失一批钢材，价值 1 500 元。经研究批准，由保管员李力赔偿 700 元，其余记入其他支出。

借:其他支出—财产物资盘亏　　800

　内部往来—李力　　700

贷:库存物资—钢材　　　1500

4. 收益的核算　家庭鸡场的收益是指在一定期间(月、季、年)内生产经营、服务和管理活动所取得的净收入,即为收入减支出的差额。它反映一定期间的财务成果,是反映、考核家庭鸡场生产经营和服务质量的一项综合性财务指标。

(1)收益总额的构成　家庭鸡场的全年收益总额按下列公式计算:

收益总额=经营收益+补助收入+其他收入-其他支出

经营收益=经营收入+发包及上交收入+投资收益-经营支出-管理费用

投资收益是指投资所取得的收益扣除投资损失后的余额。包括对外投资分得的利润、现金股利、债券利息和到期收回及中途转让取得款项高于原账面价值的差额等。投资损失包括投资到期及中途转让取得款项低于原账面价值的差额。在会计账簿上,投资收益的数额即为“投资收益”账户的贷方余额。

(2)收益的核算　家庭鸡场应设置“本年收益”账户,核算年度内实现的收益(或亏损)总额。期末将“经营收入”、“发包及上交收入”、“补助收入”、“其他收入”账户的余额转入该账户贷方;同时将“经营支出”、“管理费用”和“其他支出”账户的余额转入该账户的借方。“投资收益”账户是贷方余额,转入“本年收益”账户的贷方;如果是借方余额,转入“本年收益”账户的借方。

年度终了,应将本年实现的收益或亏损,转入“收益分配”账户,结转后“本年收益”账户无余额。

[例] 金华鸡场 2005 年 12 月份各损益类账户余额如表 3-2。

表 3-2　损益类账户余额表

账户名称	借方余额	贷方余额
经营收入		20000
发包及上交款收入		25000
补助收入		30000
其他收入		7500
投资收益		8500
经营支出	17000	
管理费用	40000	
其他支出	6000	

根据表中账户余额,作如下转账分录。

①结转各项收入

借:经营收入　　20 000
　　发包及上交收入　　25 000
　　补助收入　　30 000
　　其他收入　　7 500
　贷:本年收益　　82 500

②结转各项支出

借:本年收益　　63 000
　贷:经营支出　　17 000
　　　管理费用　　40 000
　　　其他支出　　6 000

③结转投资收益

借:投资收益　　　　8 500

　贷:本年收益　　　　8 500

转账后,“本年收益”账户借方发生额为 63 000 元,贷方发生额为 91 000 元(82 500+8 500),本年度的收益为 28 000 元(91 000−63 000)。最后结转本年收益。会计分录为:

借:本年收益　　　　28 000

　贷:收益分配−未分配收益　　　　28 000

5. 收益分配的核算

(1)收益分配的要求　家庭鸡场的收益分配,是指把当年已经确定的收益总额连同以前年度的未分配收益,按照一定的标准进行合理分配。在收益分配前,首先编制收益分配方案,规定各分配项目及分配比例。分配方案经家庭鸡场成员大会或成员代表大会讨论通过后执行。其次,应做好分配前的各项准备工作,清理财产物资,结清有关账目,以保证分配及时兑现,确保收益分配工作的顺利进行。

(2)收益分配的顺序　家庭鸡场的收益,按照下列顺序进行分配。

①提取公积公益金　公积公益金用于发展生产,包括转增资本和弥补亏损,也可用于集体福利等公益设施建设。

②提取福利费　福利费用于集体福利、文教、卫生等方面的支出(不包括兴建集体福利设施支出),包括职工因公伤亡的医药费、生活补助及抚恤金等。

③向投资者分利　向投资者分利,体现互惠互利的原则。分配的比例应按照合同或协议的规定,结合经营情况确定。

④其他分配　以上 3 项以外的分配。

(3)收益分配的核算　家庭鸡场应设置“收益分配”账户,

用于核算当年收益的分配(或亏损的弥补)和历年分配后的结存余额,该账户应设置“各项分配”、“未分配收益”两个明细账户。家庭鸡场用公积公益金弥补亏损时,借记“公积公益金”账户,贷记收益分配—未分配收益账户;按规定计算提取公积公益金、提取应付福利费等,借记“收益分配—各项分配”账户,贷记“公积公益金”、“应付福利费”、“应付款”、“内部往来”等账户。

年终,将全年实现的收益总额,“本年收益”账户转入“收益分配”账户,借记“本年收益”账户,贷记“收益分配—未分配收益”账户;如为净亏损,作相反会计分录。同时,将“收益分配—各项分配”明细账户的余额转入“收益分配—未分配收益”明细账户。年终,“收益分配—各项分配”明细账户应无余额,“未分配收益”明细账户的贷方余额表示未分配的收益,借方余额表示未弥补的亏损。

年终结账后,发现以前年度收益计算不准确,或有漏记的会计业务,需要调增或调减本年收益的,在“收益分配—未分配收益”账户核算。调增时借记有关账户,贷记“收益分配—未分配收益”;调减时借记“收益分配—未分配收益”,贷记有关账户。

“收益分配”账户的余额为历年积存的未分配收益(或未弥补亏损)。

[例 1] 金华鸡场用公积公益金弥补上年亏损 6 500 元。

借:公积公益金　　　　　　6 500

　贷:收益分配—未分配收益　　　　6 500

[例 2] 2005 年度实现收益 80 000 元。按以下方案进行分配:按 50%提取公积公益金,按 15%提取福利费,按 20%进行投资分利。

结转本年收益时

借:本年收益　　　　　　　　　80 000

　贷:收益分配—未分配收益　　　　80 000

进行各项分配时

借:收益分配—各项分配—提取公积公益金　　40 000

　　　　　　　　　　—提取福利费存　　12 000

　　　　　　　　　　—投资分利　　16 000

　贷:公积公益金　　　　　　　　　40 000

　　应付福利费　　　　　　　　　12 000

　　应付款—有关单位　　　　　　16 000

结转各项分配时

借:收益分配—未分配收益　　　68 000

　贷:收益分配—各项分配　　　　68 000

经过上述账务处理后,“收益分配—未分配收益”账户余额为 12 000 元(80 000—68 000),即为年终未分配收益。

[例 3] 2005 年年终结账后,发现肉食鸡场承包人张三欠承包费 2 000 元,未入账。

借:内部往来—张三　　　　　　2 000

　贷:收益分配—未分配收益　　　　2 000

[例 4]2005 年年终结账后,发现上年少计算邮电费 300 元。

借:收益分配—未分配收益　　　　300

　贷:应付款—邮电局　　　　　　　300

(五)家庭鸡场的会计报表

1. 会计报表的定义及种类　会计报表是反映家庭鸡场一定时期内经济活动情况的书面报告。应按规定准确、及时、完整地编报会计报表，定期向上级业务主管部门上报，并向全体成员公布。

家庭鸡场应编制以下会计报表：①月份、季度报表，包括科目余额表和收支明细表；②年度报表，包括资产负债表和收益及收益分配表。

2. 资产负债表及其编制 资产负债表是总括地反映家庭鸡场，在某一特定日期财务状况的会计报表。

资产负债表是以会计等式“资产＝负债＋所有者权益”为理论依据，采用账户式结构编制的。该表左边反映资产项目，右边反映负债和所有者权益项目，左、右两边总计相等。资产、负债项目的分类是按流动性划分的，并按流动性的快慢依次排列。

资产负债表3-3的格式如下。

表3-3 资产负债

年 月 日 场会01表

编制单位： 单位：元

资 产	行次	年初数	年末数	负债及所有者权益	行次	年初数	年末数
流动资产				流动负债			
货币资金	1			短期借款	35		
短期投资	2			应付款项	36		
应收款项	5			应付工资	37		
存货	8			应付福利费	38		
流动资产合计	9			流动负债合计	41		
农业资产				长期负债			
鸡资产	10			长期负债及应付款	42		

续表 3-3

资　产	行次	年初数	年末数	负债及所有者权益	行次	年初数	年末数
林木资产	11			一事一议资金	43		
农业资产合计	15			长期负债合计	46		
长期资产				负债合计	49		
长期投资	16						
固定资产							
固定资产原价	19						
减:累计折旧	20			所有者权益			
固定资产净值	21			资本	50		
固定资产清理	22			公积公益金	51		
在建工程	23			未分配收益	52		
固定资产合计	26			所有者权益合计	53		
资产总计	32			负债和所有者权益总计	56		

资产负债表的编制说明：

①该表反映家庭鸡场年末全部资产、负债和所有者权益状况

②该表“年初数”按上年末资产负债表“年末数”栏所列数字填列。如本年资产负债表项目的名称、内容同上年不一致，应对上年项目的名称和数字，按照本年的规定进行调整，填入本表“年初数”栏内，并加以书面说明。

③本表“年末数”各项目的内容和填列方法如下。

第一，“货币资金”项目，反映现金、银行存款等货币资金的合计数。根据“现金”、“银行存款”账户年末余额合计填列

第二，“短期投资”项目，反映购入的各种能随时变现，持有时间不超过 1 年(含 1 年)的有价证券等投资。根据“短期投资”账户年末余额填列

第三，“应收款项”项目，反映应收而未收回和暂付的各种款项。根据“应收款”账户年末余额和“内部往来”各明细科目年末借方余额合计数填列

第四，“存货”项目，反映年末在库、在途、在加工的各项存货价值，包括各种原材料、产品和在产品等物资。本项目应根据“库存物资”、“生产成本”账户年末

余额合计数填列

第五,“鸡资产”项目,反映购入或培育的雏鸡、育成鸡和成鸡的账面余额。根据“鸡资产”账户年末余额填列

第六,“长期投资”项目,反映家庭鸡场不准备在1年内(不含1年)变现的投资。本项目应根据“长期投资”账户的年末余额填列

第七,“固定资产原价”、“累计折旧”项目,反映各种固定资产原价及累计折旧。这两个项目根据“固定资产”、“累计折旧”账户的年末余额填列。反映因出售、报废、毁损等原因转入清理的固定资产净值

第八,“固定资产清理”项目,以及在清理中所发生的清理费用、变价收入及结转的清理净收入(或净损失)。根据“固定资产清理”账户的年末借方余额填列。如为贷方余额,应以“-”号表示

第九,“在建工程”项目,反映各项尚未完工或已完工尚未办理决算的工程项目的实际成本。根据“在建工程”账户年末余额填列

第十,“短期借款”项目,反映借入尚未归还的1年期以下(含1年)的借款。根据"短期借款"账户的年末余额填列

第十一,“应付款项”项目,反映应付、未付及暂收的各种款项。根据“应付款”和“内部往来”的各明细账户年末贷方余额合计数填列

第十二,“应付工资”项目,反映已提取但尚未支付的职工工资。根据“应付工资”账户年末余额填列

第十三,“应付福利费”项目,反映已提取但尚未使用的福利费金额。根据“应付福利费”账户年末贷方余额填列;如为借方余额,以“-”号表示

第十四,“长期负债及应付款”项目,反映借入尚未归还的1年期以上(不含1年)的借款以及偿还期在1年以上(不含1年)的应付未付款项。根据“长期负债及应付款”账户年末余额填列

第十五,“资本”项目,反映实际收到的投入资本总额。根据“资本”账户的年末贷方余额填列

第十六,“公积公益金”项目,反映公积公益金的年末余额。根据“公积公益金”账户的年末贷方余额填列

第十七,“未分配收益”项目,反映尚未分配的收益。根据“本年收益”和“收益分配”账户的余额计算填列。未弥补的亏损以“-”号表示

3. 收益及收益分配表的编制 收益及收益分配表是反映一定期间收益的实现及分配情况的报表。

收益及收益分配表，由本年收益和收益分配两大部分组成。本年收益包括经营收入、经营收益和本年收益 3 个大的项目，收益分配部分包括本年收益、可分配收益、年末未分配收益 3 个大的项目，它们之间存在以下滚动性计算关系：

$$\text{经营收益}=\text{经营收入}+\text{发包及上交收入}+\text{投资收益}-\text{经营支出}-\text{管理费用}$$

$$\text{本年收益}=\text{经营收益}+\text{补助收入}+\text{其他收入}-\text{其他支出}$$

$$\text{年末未分配收益}=\text{本年收益}+\text{年初未分配收益}+\text{其他转入}-\text{各项分配}$$

收益及收益分配表的格式如表 3-4。

表 3-4 收益及收益分配

年 月 日 场会 01 表

编制单位： 单位：元

项 目	行 次	金 额	项 目	行 次	金 额
本年收益			收益分配		
一、经营收入	1		四、本年收益	21	
加：发包及上交收入	2		加：年初未分配收益	22	
投资收益	3		其他转入	23	
减：经营支出	6		五、可分配收益	26	
管理费用	7		减：1 提取公积公益金	27	
二、经营收益	10		2 提取应付福利	28	
加：补助收入	12		3 外来投资分利	29	
其他收入	13		4 农户分配	30	
减：其他支出	16		5 其他	31	
三、本年收益	20		六、年末未分配收益	35	

收益及收益分配表的编制说明：

①本表反映家庭鸡场年度内收益的实现及其分配的实际情况

②本表主要项目的内容及其填列方法如下

其一,“经营收入”项目,反映各项生产、服务等经营活动取得的收入。应根据“经营收入”账户的本年发生额填列

其二,“发包及上交收入”项目,反映收取农户和其他单位上交的承包金等。根据“发包及上交收入”账户的本年发生额填列

其三,“投资收益”项目,反映对外投资取得的收益。本项目应根据“投资收益”账户的本年发生额分析填列;如为投资损失,以“—”号填列

其四,“经营支出”项目,反映家庭鸡场因销售商品、对外提供劳务等活动而发生的支出。根据“经营支出”账户的本年发生额填列

其五,“管理费用”项目,反映家庭鸡场管理活动所发生的各项支出。根据“管理费用”账户的本年发生额填列

其六,“经营收益”项目,反映家庭鸡场当年生产经营活动实现的收益。如为净亏损,本项目数字以“—”号填列

其七,“补助收入”项目,反映家庭鸡场获得的财政等有关部门的补助资金。应根据“补助收入”账户的本年发生额填列

其八,“其他收入”和“其他支出”项目,反映家庭鸡场与经营管理活动无直接关系的各项收入和支出。这两个项目应分别根据“其他收入”和“其他支出”账户的本年发生额填列

其九,“本年收益”项目,反映家庭鸡场本年实现的收益总额。如为亏损总额,本项目数字以“—”号填列

其十,“年初未分配收益”项目,反映家庭鸡场上年度未分配的收益。根据上年度收益及收益分配表中的“年末未分配收益”数额填列。如为未弥补的亏损,以“—”号填列

其十一,“其他转入”项目,反映家庭鸡场按规定用公积公益金弥补亏损等转入的数额

其十二,“可分配收益”项目,反映家庭鸡场年末可分配的收益总额。根据“本年收益”、“年初未分配收益”和“其他转入”项目的合计数填列

其十三,“年末未分配收益”项目,反映家庭鸡场年末累计未分配的收益。根据“可分配收益”扣除各项分配数的差额填列。如为未弥补的亏损,以“—”号填列

三、怎样进行家庭鸡场的经济活动分析

(一)经济活动分析的任务和方法

1. 经济活动分析的任务 家庭鸡场经济活动分析是家庭鸡场依据各种经济资料(如调查、预测、计划、核算等),运用一定的经济指标和科学方法,对生产经营活动的全过程及其成果进行经常的、全面的分析、研究和评价。

第一,家庭鸡场经济活动分析贯穿于经济活动的全过程。

家庭鸡场进行事前预测分析,能保证在制订计划、确定的经营目标与家庭鸡场自身的资源条件和市场需要相一致,避免经营计划和决策的失误。

第二,在经营管理过程中进行控制分析,能及时地对家庭鸡场的经营活动进行检查,发现偏差,找出原因,为改善经营工作,保证经营计划的完成和经营目标的实现。

第三,在一个生产过程结束时,对家庭鸡场经营活动过程及成果进行检查总结,为改进下一个生产过程的经营管理活动奠定良好的基础。在商品经济日益发展的条件下,搞好家庭鸡场经济活动分析,对提高家庭鸡场的经营活动和市场竞争能力,更为重要。

2. 家庭鸡场经济活动分析的步骤和方法

(1)经济活动分析的步骤

其一,拟定调查分析提纲,明确分析的时间、地点、对象、内容和目的。

其二,做好资料的收集整理和审核工作。

其三,拟定分析表格,选用分析方法,对经济活动过程进

行系统的、全面的、细致的分析研究。

其四，撰写分析报告。全面评价经营成果，提出改进经营管理工作、提高经济效益的建议和措施。

(2)经济活动分析的方法

①对比分析法　又称比较分析法。它是将两个或两个以上的经济指标进行对比，找出差距和存在的问题，并研究这些差距和问题产生的原因，以寻找改进措施的一种分析方法。

根据分析的目的和内容不同，对比分析法又可以分为以下几种形式。

A. 计划完成程度对比分析。以计划指标为基数，用绝对增减数、百分比相对数和增减率反映计划完成的情况。

计划完成程度绝对数指标＝实际完成数－计划任务数

$$计划完成程度相对数指标=\frac{实际完成数}{计划任务数}\times 100\%$$

$$计划完成程度增减率=\frac{实际完成数-计划任务数}{计划任务数}\times 100\%$$

B. 本期指标与上年同期指标对比，或与历史最好水平对比，用以反映经济活动的发展趋势。在具体分析时，可采用绝对增减数、百分比相对数、增减率等。

C. 结构对比分析。以总体总量为基数计算各部分所占比重的对比分析。反映和衡量部分对总体的影响程度。一般用百分比相对指标表示。

$$结构相对指标=\frac{部分}{总体}\times 100\%$$

D. 利用程度对比分析。是对人、财、物等生产要素利用程度进行的对比分析，以反映其利用效果。一般用百分比相对指标表示。

$$利用程度指标=\frac{实际利用数}{某生产要素总数}\times100\%$$

或

$$利用程度指标=\frac{实际利用数}{可能利用数}\times100\%$$

E. 强度对比分析。是对两个密切联系而不同性质的指标所进行的对比分析。以反映相互构成的经济现象发展的强度、密度、质量、利用程度等。强度对比指标一般用复名数单位表示。如饲养肉食鸡密度用"只/米^2"表示。

②动态分析法　动态分析法是采用动态数列进行比较分析，以全面地分析、考察和评定家庭鸡场的经济发展速度和水平。动态分析常用增长量、发展速度、增长速度、平均发展速度、平均增长速度等指标来表示

$$增长量=报告期水平-基期水平$$

$$发展速度=\frac{报告期水平}{基期水平}\times100\%$$

$$增长速度=\frac{报告期水平-基期水平}{基期水平}\times100\%=发展速度-1$$

$$平均发展速度=\sqrt[基期]{\frac{最末期指标数值}{最初期指标数值}}$$

$$平均增长速度(递增速度)=平均发展速度-1$$

使用动态指标进行经济活动分析时，必须划分经济发展的不同阶段，按各个阶段的起止期限说明经济发展变化的递增或递减情况。否则，计算的指标是没有意义的。同时，对指标中的平均数应有全面的认识，它只代表经济发展的一般水平，不能反映经济发展过程中的变化情况。因此，必须避免动态分析的表面性和片面性。

③因素分析法　又称连环替代法。它是通过对组成某一

经济指标的各个因素进行计算和分析，以确定其对该经济指标的影响程度。计算时应按一定的顺序排列，在假定其他因素不变的情况下，采取逐个替代的方法，分析每一个因素变化对总体指标的影响程度。

例如，某家庭鸡场计划饲养 10 000 只肉食鸡，每只鸡 2.10千克，总产量 21 000 千克；而实际出栏肉食鸡 9 500 只，每只鸡 2.30 千克，总产量 21 850 千克，比计划增产 850 千克。

为了分别确定鸡的只数与每只鸡的重量两个因素对总产量指标的影响程度，其计算方法如下。

A. 由于实际出栏鸡的只数比计划饲养鸡的只数减少而对总产量的影响程度为：

2.10×(9500－10000)＝－1050(千克)

B. 由于实际每只鸡的产量比计划每只鸡产量增加而对总产量的影响为：

9500×(2.30－2.10)＝1900(千克)

C. 综合鸡的只数变化和每只鸡产量的变化对总产量的影响，实际总产量与计划总产量发生差异的绝对数为：

(－1050)＋1900＝850(千克)

因素分析法在分析某个因素的影响程度时，是在假定其他因素保持不变的情况下进行的。在实际运用时，应在此基础上作更进一步的具体分析。

(二)家庭鸡场经济活动分析的内容

家庭鸡场经济活动分析的内容很多，主要有经营计划完成情况的分析，资源利用情况的分析，经营成果的分析，投资效果的分析，技术措施经济效果的分析等。

1. 资源利用情况的分析

(1)土地利用情况的分析　家庭鸡场对土地资源利用情况进行分析,目的是要查明土地利用是否充分,资源是否合理,以便进一步发挥土地潜力,提高土地利用率和土地生产率。土地资源利用情况分析,包括土地构成分析、土地利用率分析和土地生产力的分析。

(2)劳动力利用情况分析　劳动力是构成生产力的一项基本要素。家庭鸡场对劳动力利用情况进行分析,目的是要查明劳动力利用情况,充分挖掘劳动潜力,不断提高劳动力利用率和劳动生产率。劳动力利用情况分析主要包括以下内容。

①劳动力结构分析　主要是对一个家庭鸡场的劳动力的构成情况进行分析。劳动力结构包括年龄结构、性别结构、知识结构等。通过分析,了解劳动力资源的状况和生产能力。

②劳动力分配情况分析　主要是分析各部门占用劳动力的比例是否适当,以及劳动力负担的工作量是否合理,以寻找差距,挖掘潜力,积极引导剩余劳动力向需要劳动力的部门转移。

③劳动力利用状况的分析　主要是分析家庭鸡场劳动力利用率,通常用劳动力在一定时间(年、月)内实际参加与应参加劳动的工作日数的比率来表示,也可用出勤率来表示。通过分析,可以查明劳动力的利用程度,掌握剩余劳动时间的大概数量,以便采取措施,开辟新的利用途径,提高家庭鸡场劳动力的利用率。

④劳动力利用效果的分析　主要是分析劳动生产率,即分析家庭鸡场劳动力在一定时间(1 年)内所生产的产品数量、产值,或生产单位所消耗的劳动时间。家庭鸡场劳动生产

率的分析，通常用全员劳动生产率和生产人员劳动生产率等指标。

（3）生产设备利用情况的分析　生产设备的状况是生产力水平的主要标志，它对提高劳动生产率有着重要的影响。家庭鸡场的生产设备，最主要的是现代化的孵化器和喂料机、饮水机及消毒设备等。分析生产设备利用情况，能进一步挖掘现有设备的生产潜力，提高其利用的经济效果。

（4）资金利用情况的分析　资金利用情况的分析，主要是对资金结构、固定资金利用情况和流动资金利用情况进行分析。

①资金结构的分析　资金结构分析，是计算家庭鸡场各类资金的占有情况及在全部资金中所占的比重，通过计算分析，可以了解家庭鸡场占有资金的合理程度和利用状况。一般分析自有资金和借入资金的数量及在全部资金中所占的比重，固定资金和流动资金的数量及在全部资金中所占的比重。

②固定资金利用情况的分析　主要分析指标每100元固定资金产值率和每100元固定资金利润率。这两个指标的数值越高，表明固定资金的利用效果越好。

③流动资金利用情况的分析　分析家庭鸡场流动资金利用情况，一般采用流动资金周转率、产值资金率和流动资金利润率3个指标。

流动资金周转率是反映流动资金周转速度的指标，可以用流动资金年周转次数或流动资金周转1次所需的天数来表示。在一定时期内流动资金周转的次数越多，或周转1次所需的天数越少，说明流动资金利用的效果越好。

产值资金率通常用每100元产值占用的流动资金数来表示。在一定生产条件下，产值资金率越低，说明流动资金的利用情况越好。

流动资金利润率是指在一定时期内(1 年)产品销售利润与流动资金占有额之间的比率,其计算公式如下。

$$流动资金利润率=\frac{年产品销售利润总额}{年流动资金平均占有额}\times100\%$$

流动资金利润率是考核和评价流动资金利用效果的综合性指标。流动资金利润率越高,表明流动资金利用效果越好,给家庭鸡场创造的纯收入越多。

2. 投资效果的分析

(1)有效成果的分析

$$投资效果=\frac{有效成果}{投资总额}$$

由于有效成果可以是总产值(总产量)、净产值、盈利额、增收额等,所以与投资总额的比值,则分别为投资生产率、投资收益率、投资盈利率、投资增收率。

(2)投资回收期与投资效果系数

①投资回收期　是指投资总额与年平均盈利额比较,分析全部投资所需的回收期限。其计算公式如下。

$$投资回收期(年)=\frac{投资总额}{年平均盈利额}$$

在一般情况下,投资回收期越短,说明投资效果越好。

②投资效果系数　是投资回收期的倒数。即:

$$投资效果系数=\frac{年平均盈利额}{投资总额}$$

确定投资经济效果的最低标准是:投资效果系数应等于贷款利息率。当然。投资效果系数越大越好。

③投资比较值　是指投资总额与在定额回收期内回收资金的差额。其计算公式如下。

投资比较值＝投资总额－年平均盈利额×定额回收期

采用投资比较值分析，有利于提高投资的经济效果。当比较值小于0时，说明在定额回收期内，不仅收回全部投资，而且还有盈余；当比较值大于0时，说明在定额回收期内未全部收回投资。所以，比较值是负数，而且趋向越来越小时，其投资方向最佳。

(3)投资时间价值分析　家庭鸡场进行投资时，因为资金是有时间价值的，所以还要考虑到投资后的收入与投资现值的比值，要求将来的收入大于现值的本息，这样投资才真正有效。因此，要进行投资时间价值的分析。一般有两种计算方法：一是将现值折未来值，二是将未来值折现值。

①现值折未来值　把投资现值折成未来值进行分析，如果投资现值的本利相加大于投资若干年收回的收入额，说明投资无利可图，投资效果不好；如果投资现值的本利相加小于投资若干年收回的收入额，说明投资有利可图，投资效果较好。

现值折未来值，可用复利率方法计算。复利率的计算公式如下：

$$本利之和(F)＝本金(p)×[1＋年利率(i)]^{年数(n)}$$

这里要说明的是，在回收期限以前，投资的回收额，也要计算其本利之和，因为它本身也有时间价值。

②未来值折现值(收入现值)　它是将未来收入的现值与现在的投资相比，如果未来收入的现值大于现在的投资总额，则投资有利；如果未来收入的现值小于现在的投资总额，则投资无利 。

根据复利计算公式，可计算如下。

$$投资回收期中的收入额＝投资现值×(1＋年利率)^{回收期限(n)}$$

由上式得：

$$投资现值=\frac{投资回收期中的收入额}{(1+年利率)^{回收期限(n)}}$$

这里需要说明，投资后每年的收入额，必须分年计算，然后将它们相加，才比较准确。

还要注意，因为资金的价值受物价因素的影响，采用以上两种方法计算时，只考虑银行利息因素，而没有考虑到物价变化的影响。因此，在计算不同年度的资金额时，应以同一不变价格计算，以排除物价变化的影响。

家庭鸡场的经济活动分析，在实际运用时，应根据生产经营管理的实际需要确定分析的内容和指标，这样才能发挥经济活动分析应有的作用。

3. 生产经营成果的分析 家庭鸡场生产经营成果的分析，主要对产品产量、产值、产品成本和家庭鸡场盈利等指标进行分析。

(1)*产品产量分析* 产品产量是家庭鸡场生产经营活动的最终成果。对产品产量的分析，一般包括以下几个方面的内容。

①产品生产计划完成情况分析 分析产品生产计划完成情况，就是检查一定时期内各种主要产品产量和全部产品产值计划完成情况。分析时，一般采用比较法，将实际指标与计划指标相对比，用相对数表示产品计划完成程度，用绝对数表示两者的差距。

②产品产量动态分析 指将历年的产量，按时间先后顺序排列，计算动态分析指标，以分析增产或减产的原因及发展趋势。对过去若干年家庭鸡场生产发展情况进行分析研究，要计算其增长量、发展速度、平均发展速度、增长速度、平均增

长速度等指标，以反映生产的发展水平，预测未来时期的发展趋势。

(2)产品成本分析　产品成本是衡量家庭鸡场经营管理水平和生产经营成果的综合指标之一。进行产品成本分析，揭示各种产品成本高低的原因，对降低产品成本，提高家庭鸡场盈利是非常必要的。

产品成本分析，一般包括以下内容。

①全部产品总成本计划完成情况的分析　分析的目的是为了弄清本期全部产品的实际总成本比计划总成本是降低还是增加，并进一步查明原因。在分析时可计算下列指标。

$$\text{全部产品总成本计划完成率}=\frac{\text{实际总成本}}{\text{计划总成本}}\times 100\%$$

$$=\frac{\sum(\text{每种产品实际单位成本}\times\text{实际产量})}{\sum(\text{每种产品计划单位成本}\times\text{实际产量})}$$

$$\text{全部产品总成本增降额}=\text{全部产品实际总成本}-\text{全部产品计划总成本}$$

$$\text{全部产品总成本增降率}=\frac{\text{全部产品总成本增降额}}{\text{全部产品计划总成本}}\times 100\%$$

②主要产品成本的分析　一般分析主要产品成本计划的完成情况。计算公式如下。

$$\text{主要产品成本计划完成率}=\frac{\text{实际单位成本}}{\text{计划单位成本}}\times 100\%$$

为了进一步查明主要产品单位成本降低或上升的原因，还要分析影响成本变动的因素，可采用因素分析法，确定各种因素的影响程度，以便进一步寻求降低成本的途径。

(3)盈利的分析　盈利是衡量家庭鸡场经营管理水平和生产经营成果最终的综合性指标。盈利分析主要是进行盈利计划完成情况和影响因素的分析。

①盈利计划完成情况的分析　是将实际盈利总额与计划盈利总额进行比较，求出盈利计划完成的绝对数和相对数（即盈利计划完成率）。其计算公式如下。

盈利计划完成额＝实际盈利总额－计划盈利总额

$$盈利计划完成率=\frac{实际盈利总额}{计划盈利总额}\times100\%$$

②影响盈利因素的分析　影响盈利的主要因素是产量、价格和产品成本等。

A. 产量对盈利计划完成的影响程度。在假定产品价格和成本不变的条件下，产量计划完成率就是盈利计划完成率。其关系可用以下公式表示。

产量对盈利的影响程度＝计划盈利×（产量计划完成率－1）

B. 产品价格对盈利的影响。在假定产量和单位成本不变的情况下，价格升降幅度就是盈利增减的幅度，其关系可用下列公式表示。

价格对盈利的影响程度＝实际产量×价格升降幅度

C. 产品成本对盈利的影响。在假定产量和价格不变的情况下，成本提高，盈利减少；成本降低，盈利增加。其关系可用下列公式表示。

成本对盈利的影响程度＝实际产量×（单位产品价格－单位成本）

（三）运用量本利进行家庭鸡场的敏感性分析

所谓量本利敏感性分析就是盈亏临界点分析。盈亏临界点，就是当生产规模值达到这个点时，鸡场既不盈利，也不亏损，刚刚可以维持生产；当生产规模值小于这个点，鸡场就面临亏损；当生产规模值大于这个点，鸡场就能盈利。

在盈亏点分析法中，首先须建立生产规模与成本的变化关系，然后进行计算、分析，这里的生产规模用生产产量来表示。具体分析时，可采用下面两种方法。

1. 计算法 在正常生产年度内，鸡场总的产品销售收入应该是产品年产量同单位产品价格的乘积。其计算公式为：

$$R=PX$$

式中：R 为鸡场在正常年度内的销售收入，P 为单位产品的价格，X 为产品年产量。

同时，在正常年度内，鸡场生产的总成本应该是固定成本和单位产品成本与产量的乘积之和，即：

$$C=F+VX$$

式中：C 为鸡场在正常年度内生产的总成本，F 为鸡场年度内产品固定成本，V 为单位产品的变动成本，X 为鸡场年度内产品产量。

按照收支平衡和盈亏点的概念，当鸡场的收入和支出平衡时，销售收入应该等于生产总成本。从上两式得：

$$PX=F+VX$$

$$X=\frac{F}{P-V}$$

如果考虑产品的税金，则上式可改写为：

$$X=\frac{F}{P-V-D}$$

式中：D 为单位产品的税金；X 为从经济角度考虑的盈亏平衡始起生产规模。

例如，据某地区家庭鸡场调查，每只蛋鸡年产蛋量 14 千克，每千克鸡蛋的市场销售价格为 5.4 元，每只鸡每年摊销饲养费用 70 元，鸡场每年固定资产折旧额为 20 000 元。问该鸡场养多少鸡时不亏不盈？欲盈利 100 000 元需养多少鸡？

解：A. 设鸡场养鸡盈亏平衡点时鸡蛋的产量为 X 千克。

$$X=\frac{F}{P-V}=\frac{20000}{5.4-\frac{70}{14}}=50\,000(\text{千克})$$

则：

盈亏平衡点时的养鸡规模是：

50 000÷14≈3 571(只)

所以，该鸡场养鸡 3 571 只时不盈不亏。

B. 设该鸡场养鸡盈利 100 000 元时的产量为 X 千克。

则：$A=PX-(F+XV)$

其中：A 为鸡场年盈利额。

$$X=\frac{A+F}{P-V}=\frac{100\,000+20\,000}{5.4-\frac{70}{14}}=300000(\text{千克})$$

鸡场年盈利 100 000 元时的养鸡规模是：

300 000÷14≈21 429(只)

所以，鸡场每年欲盈利 100 000 元时，需养鸡 21 429 只。

2. 图解法 在平面直角坐标系中，以横坐标表示鸡场年内总产量(生产规模)，以纵坐标表示固定成本、总成本、销售收入的金额(图 3-1)。按上述推理，$R=PX$，$C=F+VX$，二者均为一次函数，分别代表两条不同的直线，由于这两条直线的斜率不同，故这两条直线必相交于一点。假定这个点为 P，P 点即为盈亏平衡点。P 点在横坐标上的坐标值 P_0 即为起始规模。

从上述两种方法分析可知，当鸡场的产量为 $X=\frac{F}{P-V-D}$ 或 $X=P_0$ 鸡场既不盈利，也不亏损；当 $X<P_0$ 时，

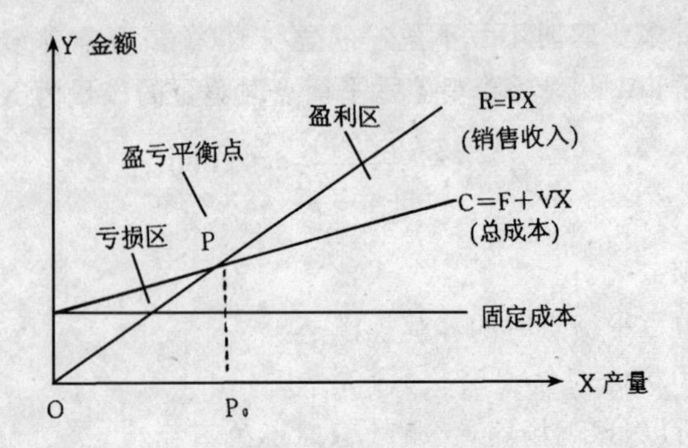

图 3-1　图 解 法

鸡场面临亏损；当 X > P_0 时，鸡场就会盈利。

3. 适宜规模的确定　适宜规模一般是指能够达到最好经济效果的生产规模，通常采用盈亏区间法来确定。根据预测的销售收入、固定成本、变动成本等值，可以绘图 3-2。

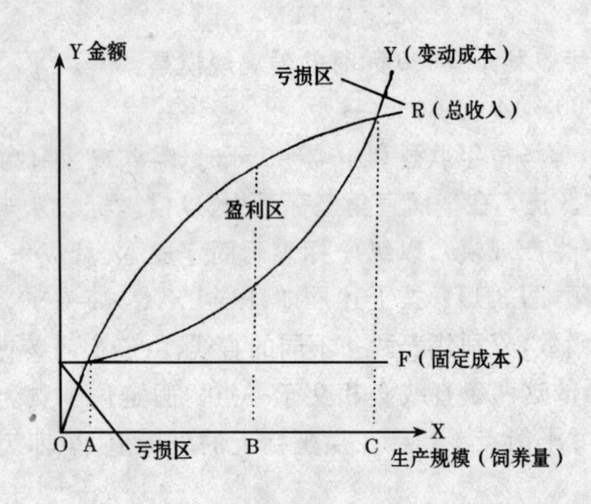

图 3-2　生产规模与固定成本、变动成本及总收入的关系图

从图 3-2 可以看出，固定成本 F 是不变的，而变动成本 V 则随着生产规模的增加而逐渐增加，R 为销售收入。其结果是 OA 为亏损区，AC 为盈利区，B 为最佳生产规模点（盈利最多），AC 以外又为亏损区，A、C 为最小和最大生产规模的盈亏转折点。

从图中可以看出，鸡场投产后，随着生产规模加大，产品产量逐渐增加，销售收入逐渐上升。但生产规模未达到 A 点以前，鸡舍及各种设备未能充分发挥能力，产品的销售收入不能抵偿固定成本和变动成本，鸡场处于亏损状态；当生产规模超过 A 点后，鸡场开始盈利；当达到 B 点时，生产设备、饲养技术及经营管理都发挥到最好水平，鸡场获得最高盈利（总收入与总成本的余额最大）；当生产规模超过 B 点后，由于生产设备、饲养技术及管理水平的限制，产品产量上升幅度减缓乃至出现停滞、下降的趋势，销售收入也呈同样变化，盈利也逐渐减少；当生产规模超过 C 点后，产品的销售收入又不能抵偿总成本，鸡场又面临亏损。

作为一个新建的家庭鸡场，究竟办多大规模，养多少只鸡合适，这要从投资能力、饲料来源、房舍条件、技术力量、管理水平、产品销量等诸方面情况综合考虑、确定。如果条件差一些，鸡场的规模可以适当小一些，如养鸡 2 000～5 000 只，待积累一定的资金，取得一定的饲养和经营经验之后，再逐渐增加饲养数量。如果投资大，产品需求量多，饲料供应充足，而且具备一定的饲养和经营经验，这样，鸡场规模可以建得大一些，以便获得更多的盈利。但是，鸡场的规模一旦确定，绝不能盲目增加饲养数量，提高饲养密度。否则，鸡群产蛋率低，死亡率高，会造成经济损失。

第四章　怎样做好家庭鸡场的产品营销工作

一、怎样进行家庭鸡场的产品开发加工与包装

家庭鸡场根据市场需求配置资源，组织生产，获得产品后，便要开展市场营销活动，以实现产品价值并获取利润。

（一）家庭鸡场产品开发

产品是一个整体，是指能满足消费者某种需要和愿望的有形物体和一系列无形服务的总称。这个整体主要包括3个层次，即产品的核心、产品的形式和产品的延伸。

产品的核心是指提供给消费者的基本消费需求。顾客购买家庭鸡场产品，并不是为了获得这一产品本身，而是为了获得产品所能带来的利益和功能。如顾客购买鸡蛋，真正的原因是为了满足吃的需要。产品的核心是产品的实质部分，是消费者需求的中心内容。

产品的形式是指产品在市场出现时的物质实体和外观，包括产品的品质、特色、商标和包装等，把产品的核心部分从形式上反映出来。它是产品核心的扩大，是产品差异化的标志。它能够加强产品的观感和吸引力，为消费者提供满意的选择。

产品的延伸是指顾客购买产品时所得到的一系列附加利益，包括服务、保证、运送等。随着生产技术的迅速发展和市场竞争的日趋激烈，产品的附加利益越来越成为消费者决定购买的重要因素。家庭鸡场要形成一套较为完整的服务体系。

现代顾客所追求的是整体产品，家庭鸡场对产品的核心层、形式层和延伸层，应同时予以高度重视，以争取更多的消费者。

1. 产品的特点

(1)产品的多样性　产品的多样性是由人们需求的多样性所决定的。家庭鸡场应努力使产品多样化，以满足人们各种不同的需求。

(2)产品的弹性　任何产品都存在着一定的弹性。一般地讲，生活必需品弹性较小，享受品弹性较大。家庭鸡场应研究产品弹性，确定营销组合策略。

(3)产品的替代性　许多产品尽管其实体和外形有所不同，但它们之间的使用价值会相似或基本相同，是彼此能够相互替代的。在市场上，几乎全部产品都拥有可替代的产品。对一种产品来说，能替代它的产品越多，价格对其影响就越大；反之，则越小。家庭鸡场要充分认识产品的这一特点，安排好最佳产品组合。

(4)产品的发展性　人们生活水平的不断提高，导致人们消费需求的更新，要求市场提供不同档次的产品，满足人们的新需求。因此，家庭鸡场应注意研究产品的发展性。

2. 产品的生命周期　产品的生命周期，是指产品的市场经济寿命。产品的生命周期，会因产品不同而表现出长短不一。愈是生活必需品，生命周期愈长，销售额可以无限地在成熟期持续下去。如鸡蛋、鸡肉等。

3. 新产品开发 产品是一个家庭鸡场生存发展的基础，只有不断地开发新产品，适应消费者不断变化的需求，家庭鸡场才会持续地取得利润，增强家庭鸡场的生命力。随着市场需求的变化，家庭鸡场要努力开发新产品，做到“三个一代”，即生产一代产品，研制一代产品，预研一代产品，使新产品连续不断，代代相传。

(二)家庭鸡场产品加工

家庭鸡场产品加工是指用物理、化学等方法，对产品进行处理，以改变其形态和性能，使之更加适合消费需要的过程。家庭鸡场产品加工既是生产过程的一部分，又是流通过程中的一个重要环节。它和运输、贮存构成市场的实体职能。

家庭鸡场的产品从生产领域生产出来的时候，虽能消费，但产品价值不高。进行家庭鸡场产品加工，既能更好地满足消费，又能因追加劳动而提高家庭鸡场产品的价值。

家庭鸡场应从单纯的原始产品生产，转向生产、加工和销售一体化的方向发展，以便从产品加工中获取经济效益，并更符合消费者需求。

1. 家庭鸡场产品加工的层次 按家庭鸡场产品加工的深度，可分为初加工和深加工。

2. 家庭鸡场产品加工的方法

(1)分拣、分等级 市场交易是按质论价，优质优价。家庭鸡场的产品，如以统货销售，其价格不可能定高。若进行分拣、分等级，其最低等级的家庭鸡场产品也可能按统货价销售，其余的便能分别定为次高价、高价、特高价，以获得超过加工劳动报酬的额外纯收入。

(2)切割、粉碎等　如肉食鸡可以分割成鸡头、鸡翅、鸡胸脯、鸡腿、鸡脖、鸡胗、鸡肝等，这样均可大大提高其经济价值。

3. 家庭鸡场产品加工的趋向性　家庭鸡场产品加工要处理好原料产地与成品消费地的关系，使两地接近，以保持原料和成品的鲜度，减少原料和成品损耗，节省运输费用。

(三)家庭鸡场产品包装

包装在家庭鸡场产品销售中极为重要，许多家庭鸡场在市场营销中，把产品的包装、价格、分销渠道和销售促进排在一起，视为重要的营销策略。

在现代市场营销中，一方面，包装是产品生产的最后一道工序，是产品不可分割的重要组成部分；另一方面，包装既附加产品的物质价值，又追加劳动，增加新的价值，是家庭鸡场增加经营收入的途径之一。因此，包装是商品的重要组成部分。

二、怎样进行家庭鸡场产品定价

家庭鸡场产品价格是其价值的货币表现，它既反映商品价值量，又反映商品供求和交换关系。价格是市场营销组合的一个重要组成部分。价格策略是市场营销战略的重要内容。组织市场营销活动，要以价格理论作指导，根据变化着的价格影响因素，灵活地运用价格策略合理地制定产品价格，以便在市场营销中取得较大的经济效益和社会效益。

(一)家庭鸡场产品价格的构成和影响因素

1. 家庭鸡场产品价格的构成　家庭鸡场产品价格主要

由生产成本、流通费用、税金和利润4个要素所决定。

(1)生产成本　是指家庭鸡场产品在生产过程中所耗费的物质资料和人工费用的货币总额。它是构成家庭鸡场产品价格的基础,也是制定家庭鸡场产品价格的最低经济界限。

(2)流通费用　是指家庭鸡场产品流通过程中所发生各项费用的总称。它主要是家庭鸡场产品流转中购、销、存、运各个环节上的运输费、保管费、工资、折旧费、利息和物资损耗等支出的费用。

(3)税金　税金是国家根据有关法规规定的税种和税率向家庭鸡场无偿征收的款项,它也是家庭鸡场产品价格的组成部分。

(4)利润　利润是家庭鸡场的劳动者为社会创造的物质财富的一部分,利润是商品价格的构成之一。

2. 影响家庭鸡场产品市场价格的因素　家庭鸡场产品价格构成因素中的任何一个因素,其发生升降变化,都会引起价格的上下波动。

第一,生产成本增加,则价格随之上升;反之,生产成本节约,则价格可随之下降。

第二,流通费用增加,则价格随之上升;反之,流通费用节省,则价格可随之下降。

第三,国家税种增加,税率提高,则价格随之上升;反之,税种减少,税率调降,甚至有减免税优惠,则价格可下降。

第四,家庭鸡场追求利润增加,则价格必然上升;反之,家庭鸡场只获取合理利润,或让利推销,则价格可下降。

第五,市场上的家庭鸡场商品供应总量与需求总量之间的比例关系,决定市场零售价格的总水平,从而影响市场商品价格。市场商品供应量大于社会商品购买力,市场上出现供过于求的现象，如超过一定的限度，必然造成物价总水平下降；市场商品供应量小于社会商品购买力，市场上出现供不应求的现象，如超过一定的限度，必然造成物价总水平上涨。

第六，在竞争对手势均力敌的情况下，家庭鸡场宜采用与竞争对手相近或低于其价格的定价方法。面对实力雄厚的强大竞争对手，家庭鸡场宜采用薄利多销的定价策略。独家生产、经营，没有竞争，定价可高些。

第七，市场商品定价，还受到国家行政干预和财政、信贷等因素的影响。

（二）家庭鸡场产品的定价方法和策略

任何一种产品，要在竞争激烈的市场上取得优势地位，首先要明确定价目标，并采用合适的定价方法和策略。

1. 定价目标 综合国内外家庭鸡场的经验，下列定价目标可供借鉴。

(1)追求最大利润为目标　追求最大利润有两种途径；一是追求家庭鸡场的整体经济效益最大。当一个家庭鸡场刚进入某一市场时，为了开拓市场争夺顾客，可采用低价策略，致使该家庭鸡场在一定时期内没有盈利。但是，随着该家庭鸡场的市场占有率的提高，投入市场产品量的增加，会从整体上给家庭鸡场带来更多的利益。二是追求家庭鸡场长期总利润最大化。追求最高利润，并不等于一定追求最高价格，家庭鸡场利润的实现，归根到底要以产品的价值实现为基础，如果产品价格定得过高，没有销路，价值不能实现，利润就化为乌有。如果着眼于家庭鸡场长期的最大利润，就必须考虑顾客的可接受能力。定价目标以顾客能接受为标准，薄利多销、薄利快销，扩大和占领更多的市场以获得较大的持久的利润。

(2)以取得一定的资金利润率为定价目标　任何家庭鸡场的投资都希望收到预期的效果。衡量投资预期效果的指标是资金利润率。家庭鸡场在进行产品定价时，要以达到一定的资金利润率作为定价目标，即要求在补偿产品成本的基础上，加上预期的利润水平，以此来确定商品的价格。

(3)以保持稳定的价格为定价目标　家庭鸡场持续稳定的发展，需要有一个稳定的市场，稳定的价格。

(4)以保持良好的营销渠道为定价目标　保持营销渠道的畅通是家庭鸡场产品销售的必要条件。为了使营销渠道畅通无阻，必须研究价格对中间商的影响，并保证中间商的利益。如定价中给中间商一定的回扣，使其有经营的积极性。

(5)以对付竞争对手为定价目标　家庭鸡场定价时，都应考虑如何对付或避免市场竞争中的价格竞争。通常做法是：以有影响力的竞争者的价格为基准，参考家庭鸡场内部和外部的综合因素，制定本鸡场的价格策略。

(6)以保持或增加市场占有率为定价目标　提高市场占有率，对任何家庭鸡场都是十分重要的目标，它是家庭鸡场竞争能力、经营水平的综合表现，是家庭鸡场生存和发展的基础。许多家庭鸡场愿意用较长时间的低价策略来开拓市场以保持和增加市场占有率。

也有些家庭鸡场以维持生存为定价目标，以争取产品质量领先为定价目标。

2. 定价方法　定价方法有多种多样，这里仅介绍几种常用方法。

(1)成本加成定价法　按产品单位成本加上一定比例的预期利润来确定产品销售价格的定价方法，叫成本加成定价法。计算公式为：

单位产品售价＝单位产品成本×(1＋利润率)

[例 1] 某家庭鸡场生产肉食鸡,产品单位成本为 6.6 元/千克,预期利润率为 25%。它的出售价格为:

肉食鸡出售价格＝6.6 元/千克×(1＋25%)≈7.77 元/千克

成本加成定价法简单适用,计算方便,但是灵活性差,竞争力弱。

(2)边际效益定价法　边际效益定价法是一种只计算变动成本,暂不计算固定成本的计算方法,即按变动成本加预期边际效益的定价方法。

边际效益是指只计算变动成本,而不计算固定成本时所得的效益。其收益值大于成本,则是盈利;反之则是亏损。

[例 2] 某家庭鸡场拥有固定成本 20 万元,变动成本 15 万元,预计鸡蛋的销售量 5 万千克,边际效益 18 万元。试计算每千克产品售价。

变动成本 15 万元,边际效益 18 万元,合计 33 万元。

单位千克产品售价＝33 万元÷5 万千克＝6.6 元/千克

这种定价方法适宜在市场竞争激烈,商品供过于求,销售困难,价格可随行就市的情况下采用。它可以使家庭鸡场维持现行生产,保住市场占有率,减少亏损,是一种较为灵活的定价方法。

(3)比较定价法　是把商品按低价和高价销售并进行比较之后再确定价格的一种方法。在商品销售中,一般人只要认为价格高,获利就大,反之就小。其实并非完全如此,在某种情况下,定价低一点,数量多销一点,同样可以获得更大的利润。定价高些,单位产品利润虽大,但销量小,仍然获利少,这就是薄利多销策略的依据所在。

(4)销售加成定价法　销售加成定价法是零售商以售价为基础，按加成百分率来计算定价的方法。计算公式为：

$$单位产品价格=\frac{单位产品成本}{1-加成率}$$

加成率是指预期利润占产品总成本的百分率。

[例 3] 某家庭鸡场新开发的肉食鸡产品，每千克肉食鸡的成本为 8 元，加成百分率为 20%。每千克肉食鸡产品售价为：

$$肉食鸡的零售价格=\frac{8}{1-20\%}=10(元/千克)$$

这种定价方法适用于零售商业部门的商品定价。

(5)目标定价法　家庭鸡场根据估计的销售收入(销售额)和估计的产量(销售量)来制定价格的定价方法。

[例 4] 某家庭鸡场预计能完成 2 000 千克肉食鸡产品，估计总成本为 19 200 元，成本利润率为 20%。则：

目标利润=19200×20%=3840(元)

总收入=19200 +3840=23040(元)

$$肉食鸡的目标价格=\frac{23040}{2000}=11.5(元/千克)$$

此定价方法的产品产量、成本都是估计数，但能否实现目标利润，要看实际情况。如果家庭鸡场的产量较为稳定，成本核算制度健全，此定价方法是适用的。

(6)理解价值定价法　理解价值定价法是家庭鸡场按照买方对商品价值的理解水平，而不是按卖方的成本费用水平来制定的方法。运用该方法定价，首先应正确估计、测定商品在顾客心目中的价值水平，然后再根据顾客对商品所理解的价值水平，定出商品价格。

(7)区分需求定价法　区分需求定价法，又叫差别定价法，是指同种产品在特定条件下可制定不同价格的定价法。区分需求定价法，主要有3种形式。

第一，以消费者为基础的区别定价。对不同消费者群，采用不同的价格。

第二，以不同地区为基础的差别定价。同种商品在不同地区、不同国家，其售价不同。如大连韩伟集团的“咯咯哒”牌鸡蛋在不同的地区，其价格是不同的。

第三，以时间为基础的差别定价。同一商品在不同年份，不同季节，不同时期，甚至不同时点，可以采用不同的定价。

(8)竞争定价法　竞争定价法是指依据竞争者的价格来确定商品售价的定价方法。对照竞争者商品的质量、性能、价格、生产、服务条件等情况，产品价格可高于竞争者；如处于劣势，则产品价格应低于对方；处于同等水平，则与竞争者同价。

3. 定价策略　定价策略是一种营销手段。家庭鸡场采取灵活多变的定价策略，以实现营销目标。定价策略种类甚多，提法各异，现介绍常用定价策略。

(1)心理定价策略　一般常采取以下5种策略。一是整数定价策略。二是零头定价策略。零头定价，又称尾数定价，或非整数定价，是指零售商在制定价格时，以零头结尾。这种定价策略会使消费者产生一种经过精确计算后才确定最低价格的心理感觉，进而产生对家庭鸡场的信任感，能提高家庭鸡场的信誉，扩大其商品的销售量。三是声望定价策略。在消费者心目中，威望高的家庭鸡场商品，可以把价格定得高一些，这是消费者能够接受的。这种定价方法运用恰当，可提高产品及其家庭鸡场的形象。四是分级定价策略。分级定价策略是把商品按不同的档次、等级分别定价。此定价方法便于消费者根据不同情况，按需购买，各得其所，并产生信任感和安全感。五是习惯定价策略。家庭鸡场产品因长期购买，形成了习惯价格。习惯价格不宜轻易变动，否则容易引起顾客的反感。为此，家庭鸡场宁肯调整包装，增加商品数量，也不愿变动其商品价格，以适应消费者的心理。

(2)地区定价策略　根据买卖双方对商品流通费用的不同负担情况，采用不同的定价策略。其一，产地定价，又称离岸价，是指在家庭鸡场商品产地的某种运输工具上交货所定的价格。交货后，货物所有权归买方，卖方只负责货物装上运输工具之前的有关费用，其他运输、保险等一切费用，一律由买方负责。它适用于运费较多，距离较远的商品交易。在家庭鸡场对外贸易中可以采用此法定价。其二，统一交货定价，又称到岸价，是卖方不问买方路途远近一律实行统一送货，一切运输、保险等费用，均由卖方负担。统一交货定价有两种形式：一是按相同货价加相同运费定价，即不分区域，顾客不论远近都是一个价；二是相同货款加不同运费定价，即按运程计收运费。其三，基本定价，即选择某些城市为基本点，按基点定出商品出厂价，再加上一定的从基点城市到顾客所在地的运费而定价的方法。卖方不负担保险费。其四，区分定价，即把某一地域分为若干个价格区，对卖给不同价格区的商品，分别制定不同的价格，在各个价格区实行不同价格。其五，运费补贴定价，即对距离较远的买主，卖方适当给买方以价格补贴，以此吸引顾客，加深市场渗透，增强家庭鸡场竞争力。

(3)折扣与折让策略　折扣是按原定价格中少收一定比例的货款，折让是在原定价格中少收一定比例数量的价款。两者的实质，都是运用减价策略。其一，现金折扣。即在允许买者延期付款情况下，而买主却提前交付现金，则卖者可按原价给予买者一定折扣，即减价优待。例如，某家庭鸡场商品交易延付期为30天。提前30天付清的货款，当场付5%折扣；若提前10天付款，给2%折扣；30天到期付清货款，不给折扣。其二，数量折扣。即根据销售数量的大小，给予不同的折扣。其目的是鼓励大批量定货购买。数量折扣，具体有两种做法：一种是累计折扣，是根据一定时期内购买总数计算的折扣，鼓励购买者多次进货，并成为长期顾主；另一种是非累计折扣，也叫一次性折扣，是根据一次购买数量计算所得折扣。购买量大的，则折扣比例大；反之，则折扣比例小。其三，职能折扣。某些家庭鸡场给予愿意为其执行贮存、服务等营销职能的批发商或零售商的一种额外负担折扣。其四，季节折扣。家庭鸡场给购买淡、旺季商品或提前进货的买主给予的一种优惠价格，使家庭鸡场保持稳定销售量。其五，推广折扣。中间商为家庭鸡场进行广告宣传，举办展销等推广工作，家庭鸡场给一定的价格折扣。其六，运费折让。对较远顾客，用减让一定价格的办法来弥补其运费的折扣。其七，交易折扣。交易折扣，也叫同业折扣或进销差价，是指家庭鸡场按不同交易职能，给予中间商不同的折扣，其目的是鼓励中间商多进货。

(4)新产品定价策略　新产品定价，关系着新产品能否打开销路，占领市场，取得预期效果。新产品定价，通常运用3种策略。一是市场撇取定价策略。撇取定价，又称高价定价。这种策略是把新产品上市初期的价格定得很高，尽可能在短期内获取最大利润。当销售遇到困难时，可迅速降价推销。同时，还可获得心理上的较好效果。二是市场渗透定价策略。又称为低价格策略。这种策略正好与撇取定价相反，是把新产品上市初期的价格定得尽可能低些，以吸引消费者，使新产品迅速打开销路，占领市场，优先取得市场的主动权。一些资金雄厚的大型家庭鸡场，常采用这种策略，能收到明显的效果。三是温和定价策略。温和定价策略，又称折中定价策略，是取高价和低价的平均数，消费者容易接受。

(5)产品组合定价策略　其一，产品大类定价。产品大类定价是指对相互关系的一组产品，按照每种产品的自身特色和相互关联性所实行的定价策略。其二，任选品定价。家庭鸡场向购买者提供主要商品之外，还要提供与主要商品密切相联系的任选品。有两种策略：一是把任选品价格定得较高，以取得较高的盈利；二是把任选品价格定得较低，以吸引顾客。

三、怎样疏通家庭鸡场产品营销渠道

在市场营销中，渠道是实现商品从生产者向消费者转移，使商品价值得以实现，使消费者获得商品使用价值，保证家庭鸡场再生产顺利进行的重要环节。

（一）营销渠道的类型

家庭鸡场产品营销渠道（又称分销渠道）是指家庭鸡场产品所有权和产品实体从生产领域转移到消费领域经过的路线（或通道）。营销渠道是商品物流的组织和个人组成的。其起始点是生产者，最终点是消费者，中间有批发商、零售商、代理商等，即中间商。按商品销售中使用的同种类型中间商的多少，可分为宽分销渠道和窄分销渠道；按商品销售中经过的中间环节的多少，可分为长分销渠道和短分销渠道；按商品销售是否经过中间商，可分为直接分销渠道和间接分销渠道等。

1. 直接分销渠道　是指商品从生产领域转移到消费领域时，不经过任何中间商转手的营销渠道。直接分销渠道一般要求家庭鸡场采用产销合一的经营方式，由家庭鸡场将自己生产的商品直接出售给消费者和用户，只转移1次商品所有权，期间不使用任何中间商，这是一种最短的销售渠道。其优点是：生产者与消费者直接见面，家庭鸡场生产的商品能更好地满足消费者的要求，实现生产者与消费者的结合。改进产品和服务，提高市场竞争能力。不经过任何中间环节，可以节约流通费用。其缺点是：家庭鸡场要承担繁重的销售任务，要投放一定的人力、物力和财力，如经营不善，会造成产销之间的顾此失彼，甚至两败俱伤。

2. 间接分销渠道　是指商品从生产领域转移到消费领域时要经过中间商的分销渠道。间接分销渠道与直接分销渠道相比，它有中间商参与；商品所有权至少要转移两次或两次以上；其渠道长，商品流转时间也长。间接分销渠道的优点是：运用众多的中间商，能促进商品的销售；家庭鸡场不从事产品经销，能集中人力、物力和财力组织好产品生产；中间商遍布各地，利用中间商有利于开拓市场。其缺点是：间接分销渠道将生产者与消费者分开，不利于沟通生产与消费之间的联系；增加了中间环节的流通费用，容易造成产销脱节。

3. 短分销渠道　是指家庭鸡场不使用或只使用一种类型中间商的分销渠道。其优点是：中间环节少，商品流转时间短，能节约流通费用。

4. 长分销渠道　是指家庭鸡场使用两种或两种以上不同类型中间商来销售商品的分销渠道。它的优点是：能充分发挥各种类型中间商促进商品销售的职能。但长分销渠道存在着不可避免的缺点：生产与需求远离，很难实行产销结合。

(二)中 间 商

中间商是指参与商品交易业务的处于生产者与消费者之间中介环节的具有法人资格的经济组织或个人。中间商有广义和狭义之分。狭义的中间商,是指经销商,即从事商品经销的批发商、零售商和代理商等,是指在商品买卖过程中拥有商品所有权的中间商。广义的中间商,包括经销商、经纪人、仓储、运输、银行和保险等机构。

1. 批发商 批发商是指从家庭鸡场购进商品,继而以较大批量转卖给零售商以及为生产者用户提供生产资料商品的商业企业。批发商在商品流转中,一般不直接服务于最终消费者,只实现商品在空间、时间上的转移,起着商品再销售的作用。批发商是连接家庭鸡场与零售企业的桥梁,是调节市场经济供求的"蓄电池",具有购买、销售、分配、贮存、运输、融资、服务和指导消费等功能。

2. 零售商 零售商是将商品直接供应给最终消费者的经销商。零售商处于商品流转的终点,具有采购、销售、服务、贮存等功能,使商品的价值得以最终实现,使再生产过程得以重新开始。

零售商按不同角度划分,可分为许多类型。按经营商品的范围划分,有综合(百货)商店(场)和专业(专卖)商店(场);按经营规模的大小划分,有大型商场、中型商场和小型商店等;按售货方式不同,有自选超级市场、方便商店、流动商店、样品售货商店等;按付款计价的不同,有分期付款商店、折扣商店、自动付款商店和赊账商店等;按商品交易地点不同,有连锁商店、集市贸易和仓库商店等。

3. 代理商 代理商是指不具有商品所有权,接受生产者委托，从事商品交易义务的中间商。

代理商的主要特点是不拥有产品所有权，但一般有店、铺、仓库、货场等设施，从事商品代购、代销、代储、代运等贸易业务，按成交额的大小收取一定比例的佣金作为报酬。代理商具有沟通供需双方信息、达成交易的功能。代理商擅长于市场调研，熟悉市场行情，能为代理家庭鸡场提供信息，促进交易。如贸易中心、贸易信托公司等代理商，能从事代购、代销、代运、代加工、代结算等业务。

4. 经纪人　经纪人（又称经纪商）是为买卖双方洽谈购销业务起媒介作用的中间商。经纪人无商品所有权，不经手现货，为买卖双方提供信息，起中介作用。

（三）营销渠道策略

市场营销中可以供选择的渠道不是单一的，是可以在多种营销渠道中进行优选的。家庭鸡场为了使其商品以较短的时间，较快的速度，较省的费用实现从生产领域向消费领域的顺利转移，要围绕着渠道长度、渠道宽度、中间商类型、渠道类型数量、渠道成员协作、地区中间商选择、渠道管理和渠道调整等 8 方面制定一系列的策略。

1. 渠道长度策略

（1）短渠道策略　在下列情况下可采用：零售商地理位置优越，处于家庭鸡场与消费者的结合区，可直接从家庭鸡场购货；家庭鸡场拥有购买量大的用户，且签订长期稳定的购买合同；家庭鸡场具有代替批发商的促销能力和贮运条件等。

（2）长渠道策略　一般在如下情况下采用：家庭鸡场无力或无营销经验将产品推销给零售商或用户；市场上批发商多，且拥有雄厚资金，熟悉市场行情，有贮运能力，形成了商品购销网络。

2. 渠道宽度策略 又称中间商数量策略，一般有3种分销渠道策略可供选择。

(1)广泛性分销渠道策略 广泛性经销，又叫密集性经销。家庭鸡场可广泛地采用中间商来推销自己的产品。广泛性渠道策略能扩大产品销量，提高产品及其家庭鸡场的知名度。但家庭鸡场难以控制分销渠道。

(2)选择性分销渠道策略 选择性经销，又叫特约经销。家庭鸡场在推销产品时，仅是有选择地使用一部分中间商。这种渠道策略，能使家庭鸡场与一部分中间商结成良好的长期稳定的购销关系。

(3)专营性分销渠道策略 专营，又称独家经营。家庭鸡场在一定市场范围内只选择一家中间商来经销自己的产品。家庭鸡场与独家经营商店一般均签有购销合同，并规定中间商不得再经销其他生产企业的商品。

3. 中间商类型策略 中间商有批发商、零售商、代理商、经纪人以及贮运机构等。家庭鸡场在中间商类型的选择上，将围绕以下方面进行决策：是否选择中间商，选择何种中间商，选择多少类型的中间商等。

4. 渠道类型数量策略 家庭鸡场为尽快推销产品，往往要同时采用几种分销渠道类型。如某家庭鸡场生产的鸡蛋，一般有4种类型的分销渠道：一是在家庭鸡场自设销售门市部，满足上门顾客的购买需要；二是通过代理商销售；三是通过批发商销售；四是通过零售商销售。

5. 渠道成员协作策略 渠道成员之间的协作，包括生产者与中间商的协作，中间商与中间商之间的协作等。渠道成员之间的协作，主要有两个方面的内容：一是支援的方式，包括资金信贷、承担运费、广告费用、利润分割等；二是支援的幅度，即供援助的数额水平。

6. 地区中间商策略 家庭鸡场的产品要向某一地区推销，一般要选择地区中间商。家庭鸡场选择地区中间商的决策依据是该地区的需求量和购买力、交通运输的方便性、中间商愿意接受的售价（酬价）和合作精神等。

7. 渠道管理策略 渠道矛盾是不可避免的，可分为横向矛盾和纵向矛盾。横向矛盾是指同一渠道同一中间商种类之间的矛盾。如同一批发商下面有 10 个零售商，他们之间会相互竞争。纵向矛盾是同一渠道内不同渠道成员之间的矛盾，如生产者与批发商，批发商与零售商之间的矛盾。要解决渠道矛盾，就得加强渠道管理。

8. 渠道调整策略 家庭鸡场要根据不断变化的市场供求情况、市场环境和家庭鸡场自身的条件，对分销渠道做出及时调整。调整渠道有 3 个途径：①调整渠道的某些渠道成员，或增多，或减少，或调换；②调整渠道数量，或增加，或减少；③调整渠道类型，或采用直接分销渠道，或采用间接分销渠道等。

（四）物流策略

商品在流通领域中所发生的空间位置上的运动，称为物流。物流又称实体分配，它包括商品的整理、分级、加工、包装、搬运装卸、运输、存贮、保管等工作。其中运输和存贮是物流的主要内容。

物流有 3 项目标：①及时地保质保量地将商品送达到目的地；②为购销双方提供最佳的服务；③物流所追加的劳动应最节省，即支付的实体分配成本最低。

1. 家庭鸡场商品运输 商品运输是由于商品产地与销售地不一致，商品季节性生产与常年性消费的不一致，商品集中生产与分散消费的不一致等而产生的，为消除这些“不一致”所引起的活动。其目的是加快商品流转，加快资金周转，保证生产经营和流通过程的顺利进行。

(1)家庭鸡场商品运输的要求 家庭鸡场商品运输要做到流向合理，以最短的里程、最快的速度、最省的费用，把商品安全完好地送达目的地。商品运输的要求是及时、准确、安全、经济。

(2)商品运输策略 商品运输策略，主要包括运输方式选择策略、运输工具选择策略和运输路线选择策略等。

①商品运输方式的选择 商品运输方式，按空间位置，分为陆运(包括铁路运输和公路运输)、水运和空运等；按装卸容器，分为仓箱式运输、传送带运输等；按运输借助的动力，分为人力运输、畜力运输、水力运输、机械动力运输等。

选择何种运输方式，要根据运输商品的数量、商品的性质、商品的安全要求、交通条件、运达紧迫性、取得运输工具的便利程度、运输距离和运输费用等因素，综合考察后选择运输方式与策略。

②商品运输工具的选择 商品运载工具，主要有火车、轮船、汽车、畜力车、人力车和人力担挑等运输工具。选择运输工具，要综合交通条件、运程与运费、市场对商品需求的急缓程度等。

③商品运输路线的选择 商品运输路线，一般有直达运输、直线运输、直达直线运输、单程运输、双程运输、联运、对流运输、倒流运输和迂回运输等。在一般情况下，应采用合理的运输路线，避免不合理的运输路线。

2. 家庭鸡场产品存贮 家庭鸡场产品存贮是指家庭鸡场产品离开生产领域尚未进入消费领域而在流通领域中的暂时停滞。

存贮是由于商品生产与消费需求之间、商品购买与销售之间存在着时间差和空间差而引起的。这些矛盾需要靠贮存环节来调节、缓和与解决。同时,在市场营销活动中,商品采购、销售和运输,往往会遇到不可预料的情况而受阻,也需要由贮存环节来予以缓冲、中转和调剂。

(1)商品仓库分类 商品存贮要设置仓库。商品仓库一般作如下分类:按仓库在商品流通中所负担的职能划分,可分为采购、批发、零售、中转、加工和存贮等仓库;按仓库的保管条件和要求划分,可分为通用仓库、专用仓库和特种仓库等;按仓库建筑结构和形状划分,可分为单层仓库和多层仓库,地上仓库与地下仓库,永久建筑仓库与临时篷布堆场等。

设置仓库,首先要考虑贮存目的,如采购仓库要设置在商品产地,以利于大量采购。又如外贸仓库,则应设置在商品进出口口岸。仓库选址应交通便利、环境安全、便于保管。

(2)商品仓库的设置 如果商品需要常年性、经常性和大数量贮存,一般应采用自建策略。如果是偶然性、短期性和小数量的商品贮存,则一般不自建仓库,宜采用租用仓库的策略。

四、怎样做好家庭鸡场产品促销工作

促销,即促进产品销售,是市场营销组合的重要组成部分之一,通过促销活动,激发顾客购买欲望,达到推销商品、树立家庭鸡场形象的目的。

（一）促销的作用

1. 沟通信息，传递情报 生产与销售之间、销售与消费之间、生产与消费之间、流通领域各环节之间，由于种种原因，存在着一定的矛盾，彼此之间迫切需要沟通信息。生产者需要推销产品，使产品适销对路，扩大销售量，必须向市场和消费者传递信息，采用促销手段，将产品推销出去，实现产品价值。

2. 刺激欲望，唤起需要 在市场竞争激烈的情况下，家庭鸡场之间、产品之间的差异甚微，消费者难以区别。家庭鸡场如能通过促销活动，突出宣传家庭鸡场特色、产品特点，使消费者对家庭鸡场及其产品产生好感，唤起需求，把潜在购买力变为现实的购买行为，实现营销目标。

（二）促销组合

促进产品销售有两种方法：一是人员推销，二是非人员推销。非人员推销包括广告、营销推广、公共关系和网络营销。

家庭鸡场根据促销目标、资源状况，把人员推销、广告宣传、营销推广、公共关系和网络营销等促销手段，有机搭配，综合运用，形成一个整体策略组合，称促销组合。研究组合，其目的是更有效地把商品、劳物与家庭鸡场介绍给消费者，树立家庭鸡场良好形象，促进商品或劳务的推销。

（三）人员推销

人员推销是家庭鸡场通过推销人员直接与消费者口头交谈，互通信息，推销产品，扩大销售的一种促销手段，它是促销中应用普遍、最直接的一种策略，也是最主要、最有效的促销手段。

1. 人员推销的方式

(1)建立销售人员队伍　家庭鸡场派推销人员，直接向消费者推销产品。推销人员包括推销员、营业员、销售员、销售代表和业务经理等。

(2)使用合同推销人员　用签订合同方式，雇请推销人员，如加工商代理人、销售代理人、销售代理商等。家庭鸡场按代销商品数额给其支付佣金。

2. 人员推销的特点　直接推销，机动灵活；互通信息，及时准确；培养感情，增进友谊；推销费用高，传播面窄。

3. 推销人员的素质　经营思想正确，机敏干练，形象良好，有进取精神，忠于职守，精通业务(市场知识，顾客知识，产品和技术知识，家庭鸡场知识，推销技巧，业务程序和职责)。

4. 人员推销策略　推销人员在推销中，一般应用如下策略。

(1)“刺激—反应”策略　推销人员在事先不了解顾客的需求情况下，准备几套讲话内容，依次讲某一内容，观察顾客的反应，并根据顾客的反应，调整讲话的内容，引起顾客的共鸣。

(2)“配方”策略　推销人员在事先基本知道顾客需求情况下，准备好“解说”内容，逐步讲到顾客之所需，引起顾客兴趣，顺势展开攻势，促成交易。

(3)“需求—满足”策略　推销员有较高的推销技能，使顾客感到推销员已成了他的好参谋，并请求帮助，以达到推销商品的目的。

(四)广　告

广告是家庭鸡场借助于某种媒体,运用一定的形式向顾客传递商品和劳务信息的一种非人员促销手段。

1. 广告媒体及其选择　一个广告,包含广告实体和广告媒体两个相联系的部分。广告实体是各种情报、资料、信息等总称。广告必须依附广告媒体才能传播。广告媒体,是指传播信息、情报等广告实体的载体。常用的广告媒体有广播、电视、报纸和杂志等。

要使广告能起促销作用,必须注意广告媒体的选择。为了收到广告宣传的预期促销效果,选择广告媒体的要求如下:①要根据宣传的商品或劳务的种类和特点来选择广告媒体;②要根据目标市场的特点来选择广告媒体;③要根据广告的目的和内容来选择广告媒体;④要根据广告媒体本身特性来选择广告媒体;⑤要根据广告预算费用来选择广告媒体。

2. 广告策略　广告是市场营销的促销手段之一,广告策略应该与家庭鸡场的总体营销目标相适应。常用的广告策略如下。

(1)报导性广告　广告以报道的方式向顾客提供商品质量、用途、效能、价格等基本情况,为顾客认识商品提供信息,以诱导消费者的需求欲望,适用于新产品、优良产品的广告宣传等。

(2)竞争性广告　其宣传的重点是介绍和论证商品能给消费者带来的各种效益和各方面的好处。其广告形式是运用比较方式,加深消费者对商品的印象,适用于商品经济寿命增长期和成熟期阶段的商品的广告宣传。

(3)声誉性广告　重点是宣传和树立家庭鸡场和产品的

良好形象，增加消费者购买的信任感，适用于有一定影响和声誉的商品的广告宣传。

(4)备忘性广告　宣传的重点应放在商品商标和信誉上，帮助消费者识别和选择商标，主要适用于成熟期的中后期的商品的广告宣传。

(5)季节性广告　因季节性变动而采取的广告，其重点是推销季节性商品。

(6)均衡性广告　展开全面的、长期的广告宣传，提高声誉，扩大市场占有率。适用于资金雄厚、效益好的大型家庭鸡场的广告宣传。

(7)节假日广告　在周末和节假日前进行广告宣传，以招徕顾客。此策略适用于零售商业家庭鸡场的广告宣传。

家庭鸡场应根据自身的力量和广告目的，运用不同的广告策略。通常情况下，小型家庭鸡场，不宜做大广告；地方性产品，不宜用全国性广告，而应采用地区重点策略、时间重点策略和商品重点策略等。

(五)营销推广

营销推广，又叫销售促进，也称特种推销，是指家庭鸡场用来刺激早期消费者需求所采用的促进购买行为的各种促销措施，如举办展览会、展销会、服务、咨询服务、赠送纪念品等。

(六)公共关系

公共关系是指家庭鸡场与公众沟通信息，建立了解信任关系，提高家庭鸡场知名度和声誉，创造良好的市场营销环境的一种促销活动。

（七）网络营销策略

网络营销策略是以互联网络为媒体，以新的方式、方法和理念实施的活动，它能更有效地促进个人和组织交易活动的实现。近年来，随着互联网络的迅猛发展，家庭鸡场也应建立自己的网站，实行网上营销。

网络营销人员应从家庭鸡场经营战略高度出发，站在家庭鸡场的角度看问题，通过对行业竞争状况、家庭鸡场内部资源和产品、服务特点等相关因素进行综合研究的基础之上，为家庭鸡场制定总体网络营销策略，让家庭鸡场网络营销活动达到事半功倍的效果。网络营销总体策略包括网络品牌、网站推广、信息发布、顾客关系、顾客服务、网上销售及网上市场调研等诸多方面，全面有效地指导家庭鸡场实施网络营销活动，达到家庭鸡场总体效益最大化。

(二)饲养方式的选择

饲养肉用仔鸡主要有地面平养、网上平养、笼养和笼养与地面平养相结合4种饲养方式。

1. 地面平养 是饲养肉用仔鸡较普遍的一种方式,适用于小规模养鸡的农户。首先在鸡舍地面上铺设一层4～10厘米厚的垫料,要注意垫料不宜过厚,以免妨碍鸡的活动甚至雏鸡被垫料覆盖而发生意外。随着鸡日龄的增加,垫料被践踏,厚度降低,粪便增多,应不断地添加新垫料,一般在雏鸡2～3周龄后,每隔3～5天添加1次,使垫料厚度达到15～20厘米。垫料太薄,养鸡效果不佳,因垫料少粪便多,鸡舍易潮湿,氨气浓度会超标,这将影响肉用仔鸡的生长发育,并易暴发疾病,甚至造成大批死亡。同时,潮湿而较薄的垫料还容易造成肉用仔鸡胸骨囊肿。因此,要注意随时补充新垫料,对因粪便多而结块的垫料,及时用耙子翻松,以防止板结。要特别注意防止垫料潮湿,对饮水器应加强管理,控制任何漏水现象和鸡饮水时弄湿垫料。常用于作垫料的原料有木屑、稻草、麦秸、干杂草等。总之,垫料应吸水性强、干燥清洁、无毒无刺激、无发霉和就地取材等。每当一批肉用仔鸡全部出栏后,应将垫料彻底清除更换。

2. 网上平养 所谓网上平养,即在离地面约60厘米高处搭设网架(可用金属、竹木等材料搭架),架上再铺设金属或竹木制成的网、栅片,鸡群在网、栅片上活动,鸡粪通过网眼或栅条间隙落到地面,堆积整个饲养期,在鸡群出栏后一次清除。网眼或栅缝的大小以鸡爪不能进入而又能落下鸡粪为宜。采用金属网的网眼形状有圆形、三角形、六角形、菱形等,常用的规格一般为1.25厘米×1.25厘米。网床大小可根据鸡舍面积灵活掌握，但应留足够的过道，以便操作。网上平养一般都用手工操作，有条件的可配备自动供水、给料、清粪等机械设备。

3. 笼养 肉用仔鸡笼养在20世纪70年代初欧洲就已出现，但不普遍，主要原因是残次品多和生长速度不及平养。近年来改进了笼底材料及摸索出了适合笼养特点的饲养管理技术，肉用仔鸡笼养又有了新的发展。目前，世界上在肉鸡生产中采用笼养工艺最广泛的国家是俄罗斯，全国30%以上的肉鸡实行了笼养。中东地区和日本笼养肉鸡有大发展的趋势。东欧很欢迎笼养工艺，捷克、斯洛伐克、匈牙利都有一定程度的发展。我国广大养鸡户也越来越广泛地采用笼养肉用仔鸡，以利于在有限的鸡舍面积上饲养更多的肉用仔鸡。

4. 笼养与地面平养相结合 这种饲养方式的应用，我国各地多是在育雏期(出壳～4周龄)实行笼养，育肥期(5～8周龄)转到地面平养。

育雏期舍温要求较高，此阶段采用多层笼育雏，占地面积小，房舍利用率高，环境温度比较容易控制，也能节省能源。

在28日龄以后，将笼子里的肉用仔鸡转移到地面上平养，地面上铺设10～15厘米厚的垫料。此阶段虽然鸡的体重迅速增长，但在松软的垫料上饲养，也不会发生胸部和腿部疾病。所以，笼养与平养相结合的方式兼备了两种饲养方式的优点，对小批量饲养肉用仔鸡具有推广价值。

(三)雏鸡的选择与运输

1. 雏鸡的订购 从可靠的种鸡孵化厂家选购品种优良、纯正、种鸡群没有发生过疫病的商品杂交雏鸡，并按生产计划安排好进雏时间与数量，同时要签订购雏合同。

2. 雏鸡的接运　雏鸡的运输是一项技术性强的细致工作，接雏人员要求有较强的责任心，具备一定的专业知识和运雏经验。在接幼雏过程中，要求迅速及时，安全舒适达到目的地。

3. 雏鸡的安置　雏鸡运到目的地后，将全部雏鸡盒移入育雏舍内，分放在每个育雏器附近，保持盒与盒之间的空气流通。把雏鸡取出放入指定的育雏器内，再把所有的雏盒移出舍外，对一次用的纸盒要烧掉；对重复使用的塑料盒、木盒等，应清除箱底的垫料并将其烧掉，下次使用前对雏鸡盒进行彻底清洗和消毒。

（四）雏鸡的饲喂与饮水

1. 开食与喂饲　在首次饮水后 2～3 小时进行开食，先饮水而后开食有利于雏鸡的胃肠消毒，减少肠道疾病。

（1）*饲喂用具*　通常雏鸡的饲喂用具采用料盘（塑料盘或镀锌铁皮盘），也可采用塑料膜、牛皮纸、报纸等。开食用具要充足，每个 40 厘米×40 厘米方料盘可供 50 只雏鸡开食用。雏鸡 5～7 日龄后，饲喂用具可采用饲槽、料桶、链条式喂料机械等。

（2）*饲喂方法*　首先饮水 2～3 小时后，将所用的开食用具放在雏鸡当中，然后撒料，先撒料 0.5～0.8 厘米厚，让每只雏鸡都能吃到食。不宜喂得太饱，对靠边站而不吃料的弱雏，统一放到弱雏区进行补饲。第一天喂 8～10 次，平均 2～3 小时喂料 1 次，以后逐渐减少到日喂 4 次。要加强夜间饲喂工作。每次饲喂时，添料量不应多于料槽容量的 1/3，每只鸡应有 5～8 厘米的槽位（按料槽两侧计算）。喂料时间和人员都要固定，饲养人员的服装颜色不宜改变，以免引起鸡群的应激反应（惊群）。饲养肉用仔鸡，宜实行自由采食，不加以任何限量。添料量要逐日增加，原则上是饲料吃光后 0.5 小时再添下一次料，以刺激肉用仔鸡采食。开食后的第一周采用细小全价饲料或粉料，以后逐渐过渡到小雏料、中雏料、育肥料和屠宰前期料。饲养肉用仔鸡，最好采用颗粒料，颗粒料具有适口性好、营养成分稳定、饲料转化率高等优点。

2. 饮水 在小雏期，每个 2 升容量的塑料饮水器可供 50 只雏鸡饮水，1～3 日龄日饮 4 次，以后根据雏鸡精神状态来决定是否继续饮用营养液。如果停饮营养液，则要供给充足的清水。饮水器与饲喂器具应交替放置。如果笼育，从 5 日龄起向笼侧的水槽中上水，但饮水器还要继续盛水，7 日龄以后逐渐撤出饮水器。如果是地面厚垫料平养，从 4 日龄起，把小型塑料饮水器（或其他简易饮水器）逐渐移向自动饮水器，7～10日龄把小型塑料饮水器逐渐撤换下来，改为自动饮水器供水，每个自动饮水器可供 50～70 只雏鸡饮水。如果采用其他饮水器，每只鸡应有 1.8～2 厘米的饮水槽位。除饮用疫苗的当天外，饮水器每天应用优质的消毒剂（如百毒杀、爱迪福等）刷洗，以保证饮水清洁。

（五）饲养环境管理

肉用仔鸡生产，不但要饲喂高能量、高蛋白质的饲粮而且要提供适宜的环境条件，才能使肉用仔鸡的生产力得以充分实现。影响肉用仔鸡生长的环境条件有温度、湿度、通风换气、饲养密度、光照、卫生等。

1. 温度 生产实践证明，保持适宜温度是养好雏鸡的关键。在生产中要注意按标准供温与看雏施温相结合，效果才会更好。

(1)肉用仔鸡适宜的环境温度　适宜的育雏温度是以鸡群感到舒适为最佳标准，这时肉用仔鸡表现活泼好动，羽毛光顺，食欲良好，饮水正常，分布均匀，体态自然，休息时安静无声或偶尔发出悠闲的叫声，无挤堆现象。

饲养肉用仔鸡施温标准为：1 日龄 34℃～35℃，以后每天降低 0.5℃，每周降 3℃，直到 4 周龄时，温度降至 21℃～24℃，以后维持此温度不变。当鸡群遇有应激如接种疫苗、转群时，温度可适当提高 1℃～2℃，夜间温度比白天高 0.5℃，雏鸡体质弱或有疫病发生时，温度可适当提高 1℃～2℃。但温度要相对稳定，不能忽高忽低，降温时应逐渐进行。温度高时，雏鸡表现伸翅，张口喘气，不爱吃料，频频饮水，影响增重；温度低时，雏鸡表现挤堆，闭眼缩脖，不爱活动，发出尖叫声，饲料消耗增多。测温位置，如果采用全舍供热方式，应在距离墙壁 1 米与距离床面 5～10 厘米交叉处测得；如果采用综合供热方式，应在距保姆伞或热源 25 厘米与距床面 5～10 厘米交叉处测得。

(2)热源选择与供热方式　热源可选用电、煤气、煤或其他燃料。供热方式有以下几种。

①全舍供热　将整个鸡舍供热同温度，使用暖气、火墙、火炉等。

②综合供热　雏鸡有一个供热中心，其余空间另行加温，使用电热伞、煤气伞及暖气、火墙、火炉等。

③局部供热　雏鸡有中心热源，四周有凉爽的非加热区，使用电热伞、煤气伞等。

2. 湿度　饲养肉用仔鸡，最适宜的湿度为：0～7 日龄，70%～75%；8～21 日龄，60%～70%；22 日龄以后，降至 50%～60%。湿度过高或过低对肉用仔鸡的生长发育都有不良影响。在高温高湿时，鸡体散热很慢，这时鸡不爱采食，影响生长。低温高湿时，鸡体本身产生的热量大部分被环境湿气所吸收，舍内温度下降速度快，因而肉用仔鸡维持本身生理需要的能量多，耗料增加，饲料转化率低。另外，湿度过高还会诱发肉用仔鸡多种疾病，如球虫病、腿病等。

但是，育雏舍湿度也不宜过低。湿度过低时，肉用仔鸡羽毛蓬乱，空气中尘埃量增加，患呼吸道系统疾病增多，影响增重。

3. 光照 合理的光照有利于肉用仔鸡增重，节省照明费用，便于饲养管理人员的工作。

光照分自然光照和人工光照两种。自然光照就是依靠太阳直射或散射光通过鸡舍的门窗等射进鸡舍；人工光照就是根据需要，以电灯光源进行人工补光。

(1)光照方法与光照时间

①连续光照 目前饲养肉用仔鸡大多施行 24 小时全天连续光照，或施行 23 小时连续光照，1 小时黑暗。黑暗 1 小时的目的是锻炼肉用仔鸡能够适应和习惯黑暗的环境，不会因停电而造成鸡群拥挤窒息。有窗鸡舍，白天可以借助于太阳光的自然光照，夜间施行人工补光。

②间歇光照 指光照和黑暗交替进行，即施行 1 小时光照、3 小时黑暗或 1 小时光照、2 小时黑暗交替。大量的试验表明，施行间歇光照的饲养效果好于连续光照。但采用间歇光照方式，鸡群必须具备足够的饲料和饮水槽位，保证肉用仔鸡足够的采食和饮水时间。

③混合光照 即将连续光照和间歇光照混合应用，如白天依靠自然光连续光照，夜间施行间歇光照。要注意白天光照过程中需对门窗进行遮挡，尽量使舍内光线变暗些。

(2)光照强度　在整个饲养期，光照强度原则是由强到弱。一般在1～7日龄，光照强度为20～40勒，以便让雏鸡熟悉环境。以后光照强度应逐渐变弱，8～21日龄为10～15勒，22日龄以后为3～5勒。在生产中，若灯头高度2米左右，1～7日龄为4～5瓦/平方米，8～12日龄为2～3瓦/平方米，22日龄以后为1瓦/平方米左右。

4. 通风换气　是指采取自然或机械通风方法排除舍内污浊气体，换进外界的新鲜空气，并借此调节舍内的温度和湿度。

进行通风换气时，可根据不同的地理位置，不同的鸡舍结构、不同的季节、不同的鸡龄、不同体重，选择不同的空气流速。在计划通风需要量时，要安装足够的设备，以便必要时能达到最大功率。

我国无公害养殖GB18407.3规定，禽舍中氨气含量雏禽<8毫克/立方米，禽舍中成禽<12毫克/立方米。

人对于8毫克/立方米的氨一般不易察觉，15毫克/立方米时已有感觉，38毫克/立方米时引起流泪和鼻塞。所以，人进入鸡舍，没有不舒服的感觉，空气即符合要求。

如果通风换气不当，舍内有害气体含量多，则导致肉用仔鸡生长发育受阻。当舍内氨气每立方米含量超过20毫克时，对肉用仔鸡的健康有很大影响，氨气会直接刺激肉用仔鸡的呼吸系统，刺激黏膜和角膜，使肉用仔鸡咳嗽、流泪；当氨气含量每立方米长时间在50毫克以上时，会使肉用仔鸡双目失明，头部抽动，表现出极不舒服的姿势。

5. 饲养密度　影响肉用仔鸡饲养密度的因素主要有品种、周龄与体重、饲养方式、房舍结构及地理位置等。

一般来说，房舍结构合理，通风良好，饲养密度可适当大些，笼养密度大于网上平养，而网上平养又大于地面厚垫料平养。近几年，农户饲养肉用仔鸡多实行网上平养，其优点是便于管理，不需垫料，同时也有利于防疫。

如果饲养密度过大，舍内的氨气、二氧化碳、硫化氢等有害气体增加，相对湿度增大。厚垫料平养，垫料易潮湿，肉用仔鸡的活动受到限制，生长发育受阻，鸡群生长不齐，易发生胸囊肿、足垫炎、瘫痪等疾病，残次品增多，发病率和死亡率偏高。若饲养密度过小，虽然肉用仔鸡的增重效果好，但房舍利用率降低，饲养成本增加。

饲养肉用仔鸡，适宜的饲养密度可参照表5-24。

表5-24 肉用仔鸡饲养密度 （单位：只/米^2）

饲养方式	季 节	周 龄				
		1～2	3～4	5～6	7～8	9～10
笼养（以每层笼计算）	夏 季	55	30	20	13	11
	冬 季	55	30	22	15	13
	春 季	55	30	21	14	12
网上平养	夏 季	40	25	15	11	10
	冬 季	40	25	17	13	12
	春 季	40	25	16	12	11
地面厚垫料平养	夏 季	30	20	14	13	8
	冬 季	30	20	16	13	12
	春 季	30	20	15	11.5	10

注：笼养密度是指每层笼每平方米饲养只数

（六）饲养期内疾病预防

肉用仔鸡饲养密度大，生长快，抗病力差，患病机会多，因而必须做好疫病的预防工作，根据疫病的多发期、敏感阶段及当地疫病流行情况进行预防性投药。

1. 雏鸡白痢的预防 雏鸡白痢多发于10日龄以前，选用药物有高锰酸钾、庆大霉素、青霉素、链霉素、土霉素等。在生产中，可于雏鸡初饮时用0.05%～0.1%高锰酸钾溶液饮水；1～2日龄用青霉素、链霉素4000单位/只·日饮水，日饮2次；3～9日龄用0.02%土霉素拌料。

2. 球虫病的预防 肉用仔鸡球虫病多发于2周龄以后，选用药物有加福、盐霉素、球痢灵、鸡宝20等。生产中预防球虫病，可在肉用仔鸡2周龄以后，选用2～3种抗球虫药物，每种药以预防量使用1～2个疗程，交替用药。如12～28日龄用40毫克/千克饲料氯苯胍拌料，29～40日龄用鸡宝20预防量饮水，41～52日龄用500毫克/千克加福拌料。

3. 呼吸道疾病的预防 肉用仔鸡呼吸道疾病多发于4周龄以后而影响增重，常用的药物有庆大霉素、卡那霉素、北里霉素、链霉素等。

4. 疫苗接种 1日龄根据种鸡状况和当地疫病流行情况决定是否接种马立克氏病疫苗，7～10日龄滴鼻、点眼接种鸡新城疫Ⅱ系弱毒苗或鸡新城疫Lasota系弱毒苗，14日龄饮水接种鸡传染性法氏囊病弱毒疫苗；25～30日龄饮水接种鸡新城疫Lasota系弱毒疫苗。

5. 环境消毒 目前常用的消毒药物有过氧乙酸、百毒杀、爱迪福、卡西安、威岛、农福等。消毒时按药品说明要求的浓度进行。带鸡消毒一般每5～7天进行1次，要达到药物浓度，各种消毒药物应交替使用，有必要时还应施行饮水消毒。

四、防治鸡病的综合性措施有哪些

鸡病，尤其是一些传染性疾病和成批发生的营养代谢病，是养鸡业的大敌，如果疏于防范，往往会使整群以至整个鸡场毁于一旦，造成重大的经济损失。因此，在养鸡生产中，必须贯彻“预防为主”的方针，采取切实可行的措施，确保鸡群健康无病，高产稳产。

（一）鸡场选址要符合防疫要求

第一，鸡场的场址应背风向阳，地势高燥，水源充足，排水方便。

第二，鸡场的位置要远离村镇、机关、学校、工厂和居民区，与铁路、公路干线、运输河道也要有一定距离。

（二）对饲养人员和车辆要进行严格消毒

第一，鸡场出入口大门应设置消毒池，池深约 30 厘米，宽约 4 米，长度要达到汽车轮胎能在池内转到 1 周，池内消毒液可用 2%火碱或 3%来苏儿水。要注意定期更换消毒液，以使其保持杀菌能力。

第二，鸡舍出入口也应设置消毒设施，饲养人员出入鸡舍要消毒。

第三，外来人员一定要严格消毒后方可进入场区。

第四，鸡舍一切用具不得串换使用，饲养人员不得随意到本职以外的鸡舍。凡进入鸡舍的人员一定要更换工作服。

第五，周转蛋箱一般要用 2%火碱水浸泡消毒后，再用清水冲洗。装料袋最好本场专用，不能互相串换，以防带入病原。

(三)建立场内兽医卫生制度

一是不得把后备鸡群或新购入的鸡群与成年鸡群混养，以防止疫病接力传染。二是食槽、水槽要保持清洁卫生，定期清洗消毒。粪便要定期清除。三是鸡转群前或鸡舍进鸡前要彻底对鸡舍和用具进行消毒。四是定期对鸡群进行计划免疫和药物防病，平养鸡要定期驱虫。疫苗接种是防止某些传染病发生的可靠措施，在接种时要查看疫苗的有效期、接种方法及剂量等。预防性用药是根据某些病的发病规律提前用药，应注意各种抗菌类药物交替使用，以防病原菌产生抗药性。五是养鸡场要重视和做好除鼠、防蚊、灭蝇工作。

(四)加强鸡群的饲养管理

1. 选择优质的雏鸡 若从外场购进雏鸡，在准备进鸡前要了解所购雏鸡的种鸡场的建筑水平、饲养管理水平以及孵化水平，特别是种鸡场的卫生管理、种鸡的饲料营养和消毒情况。如果种鸡场卫生管理差，饲料营养不全和种蛋消毒不严，孵化水平低，雏鸡白痢、脐炎就比较严重；种鸡不接种脑脊髓炎疫苗，就可能使雏鸡在1周龄内发生脑脊髓炎。优质雏鸡抗病力强，育雏成活率高。

2. 供给全价饲粮 饲粮的营养如果不平衡不仅影响鸡的生产能力，而且因为缺乏某些成分可发生相应的缺乏症。所以要从正规的饲料厂购买饲料，贮存时注意时间不要过长，并防止霉变和结块。在自配饲粮时，要注意原料的质量，避免饲粮配方与实际应用相脱节。

3. 给予适宜的环境温度 适宜的环境温度有利于提高鸡群的生产能力。如果温度过高或过低，都会影响鸡群的健康，冷热不定很容易导致鸡群呼吸道病的发生。

4. 维持良好的通风换气条件 鸡舍内的粪便及残存的饲料受细菌的作用可产生大量的氨气，加上鸡呼吸排出的气体对鸡是很有害的。特别是氨气一旦达到使人感觉不适甚至流泪的程度，可导致鸡呼吸道黏膜损伤而发生细菌和病毒的感染。要减少鸡舍内的有害气体，一方面可采取在不突然降低温度的情况下开窗或排风扇排气，另一方面要保持地面干燥卫生，减少氨气的产生。

5. 保持合理的饲养密度 密度过大可造成鸡群拥挤和空气中有害气体增多，鸡群易患白痢病、球虫病、大肠杆菌病及慢性呼吸道病等。

6. 尽力减少鸡群应激反应 过大的声音、转群、药物注射以及饲养人员的穿戴和举止异常对鸡群是一种应激，在应激时鸡群容易发生球虫病、法氏囊病等。

（五）建立兽医疫情处理制度

第一，兽医防疫人员每天要深入鸡舍观察鸡群，有疫情要立即诊断。

第二，发现传染病时，病鸡隔离，死鸡深埋或烧毁。对一些烈性传染病（如鸡新城疫等），应及时报告上级兽医机关，并封锁鸡场，进行紧急接种，直至最后 1 只病鸡死亡半个月后不再有病鸡出现，方可报告上级部门解除封锁。

第三，对污染的鸡舍和用具要进行消毒处理，鸡的粪便需要堆积发酵后方可运出场外。

附　录

附录一　中国禽用饲料描述及常规成分

中国禽用饲料描述及常规成分见附表1。

附表1　中国禽用饲料描述及常规成分

序号	中国饲料号	饲料名称	饲料描述	干物质%	粗蛋白质%	粗脂肪%	粗纤维%	无氮浸出物%	粗灰分%	中洗纤维%	酸洗纤维%	钙%	总磷%	非植酸磷%	鸡代谢能	
															Mcal/kg	MJ/kg
1	4-07-0279	玉　米	成熟,GB/T 17890-1999,1级	86.0	8.7	3.6	1.6	70.7	1.4	9.3	2.7	0.02	0.27	0.12	3.24	13.56
2	4-07-0272	高　粱	成熟,NY/T 1级	86.0	9.0	3.4	1.4	70.4	1.8	17.4	8.0	0.13	0.36	0.17	2.94	12.30
3	4-07-0276	糙　米	良,成熟,未去米糠	87.0	8.8	2.0	0.7	74.2	1.3	—	—	0.03	0.35	0.15	3.36	14.06
4	4-07-0479	粟(谷子)	合格,带壳,成熟	86.5	9.7	2.3	6.8	65.0	2.7	15.2	13.3	0.12	0.30	0.11	2.84	11.88

续附表 1

序号	中国饲料号	饲料名称	饲料描述	干物质%	粗蛋白质%	粗脂肪%	粗纤维%	无氮浸出物%	粗灰分%	中洗纤维%	酸洗纤维%	钙%	总磷%	非植酸磷%	鸡代谢能	
															Mcal/kg	MJ/kg
5	4-04-0067	木薯干	木薯干片，晒干 NY/T 合格	87.0	2.5	0.7	2.5	79.4	1.9	8.4	6.4	0.27	0.09	—	2.96	12.38
6	4-04-0068	甘薯干	甘薯干片，晒干 NY/T 合格	87.0	4.0	0.8	2.8	76.4	3.0	—	—	0.19	0.02	—	2.34	9.79
7	4-08-0104	次　粉	黑面，黄粉，下面 NY/T 1 级	88.0	15.4	2.2	1.5	67.1	1.5	18.7	4.3	0.08	0.48	0.14	3.05	12.76
8	4-08-0069	小麦麸	传统制粉工艺，NY/T 1 级	87.0	15.7	3.9	8.9	53.6	4.9	42.1	13.0	0.11	0.92	0.24	1.63	6.82
9	4-08-0041	米　糠	新鲜，不脱脂 NY/T2 级	87.0	12.8	16.5	5.7	44.5	7.5	22.9	13.4	0.07	1.43	0.10	2.68	11.21

续附表 1

序号	中国饲料号	饲料名称	饲料描述	干物质%	粗蛋白质%	粗脂肪%	粗纤维%	无氮浸出物%	粗灰分%	中洗纤维%	酸洗纤维%	钙%	总磷%	非植酸磷%	鸡代谢能	
															Mcal/kg	MJ/kg
10	4-10-0018	米糠粕	浸提或预压浸提，NY/T 1 级	87.0	15.1	2.0	7.5	53.6	8.8	—	—	0.15	1.82	0.24	1.98	8.28
11	5-09-0127	大　豆	黄大豆,成熟 NY/T2 级	87.0	35.5	17.3	4.3	25.7	4.2	7.9	7.3	0.27	0.48	0.30	3.24	13.56
12	5-10-0241	大豆饼	机榨,NY/T 2 级	89.0	41.8	5.8	4.8	30.7	5.9	18.1	15.5	0.31	0.50	0.25	2.52	10.54
13	5-10-0102	大豆粕	浸提或预压浸提,NY/T 2 级	89.0	44.0	1.9	5.2	31.8	6.1	13.6	9.6	0.33	0.62	0.18	2.35	9.83
14	5-10-0118	棉籽饼	机榨,NY/T 2 级	88.0	36.3	7.4	12.5	26.1	5.7	32.1	22.9	0.21	0.83	0.28	2.16	9.04

续附表 1

序号	中国饲料号	饲料名称	饲料描述	干物质 %	粗蛋白质 %	粗脂肪 %	粗纤维 %	无氮浸出物%	粗灰分%	中洗纤维 %	酸洗纤维 %	钙 %	总磷 %	非植酸磷 %	鸡代谢能	
															Mcal/kg	MJ/kg
15	5-10-0117	棉籽粕	浸提或预压浸提 NY/T 2 级	90.0	43.5	0.5	10.5	28.9	6.6	28.4	19.4	0.28	1.04	0.36	2.03	8.49
16	5-10-0183	菜籽饼	机榨,NY/T 2 级	88.0	35.7	7.4	11.4	26.3	7.2	33.3	26.0	0.59	0.96	0.33	1.95	8.16
17	5-10-0121	菜籽粕	浸提或预压浸提 NY/T 2 级	88.0	38.6	1.4	11.8	28.9	7.3	20.7	16.8	0.65	1.02	0.35	1.77	7.41
18	5-10-0116	花生仁饼	机榨,NY/T 2 级	88.0	44.7	7.2	5.9	25.1	5.1	14.0	8.7	0.25	0.53	0.31	2.78	11.63
19	5-10-0115	花生仁粕	浸提或预压浸提 NY/T 2 级	88.0	47.8	1.4	6.2	27.2	5.4	15.5	11.7	0.27	0.56	0.33	2.60	10.88

续附表 1

序号	中国饲料号	饲料名称	饲料描述	干物质 %	粗蛋白质 %	粗脂肪 %	粗纤维 %	无氮浸出物%	粗灰分%	中洗纤维 %	酸洗纤维 %	钙 %	总磷 %	非植酸磷 %	鸡代谢能	
															Mcal/kg	MJ/kg
20	5-10-0243	向日葵仁粕	壳仁比为 24∶76 NY/T 2 级	88.0	33.6	1.0	14.8	38.8	5.3	32.8	23.5	0.26	1.03	0.16	2.03	8.49
21	5-10-0246	芝麻饼	机榨，CP40%	92.0	39.2	10.3	7.2	24.9	10.4	18.0	13.2	2.24	1.19	—	2.14	8.95
22	5-11-0002	玉米蛋白粉	同上，中等蛋白产品，CP50%	91.2	51.3	7.8	2.1	28.0	2.0	—	—	0.06	0.42	0.16	3.41	14.27
23	4-10-0026	玉米胚芽饼	玉米湿磨后的胚芽，机榨	90.0	16.7	9.6	6.3	50.8	6.6	—	—	0.04	1.45	—	2.24	9.37
24	5-13-0046	鱼粉（CP 60.2%）	沿海产的海鱼粉，脱脂，12 样平均值	90.0	60.2	4.9	0.5	11.6	12.8	—	—	4.04	2.90	2.90	2.82	11.80

续附表 1

序号	中国饲料号	饲料名称	饲料描述	干物质%	粗蛋白质%	粗脂肪%	粗纤维%	无氮浸出物%	粗灰分%	中洗纤维%	酸洗纤维%	钙%	总磷%	非植酸磷%	鸡代谢能	
															Mcal/kg	MJ/kg
25	5-13-0036	血　粉	鲜猪血喷雾干燥	88.0	82.8	0.4	0.0	1.6	3.2	—	—	0.29	0.31	0.31	2.46	10.29
26	5-13-0037	羽毛粉	纯净羽毛,水解	88.0	77.9	2.2	0.7	1.4	5.8	—	—	0.20	0.68	0.68	2.73	11.42
27	5-13-0047	肉骨粉	屠宰下脚,带骨干燥粉碎	93.0	50.0	8.5	2.8	—	31.7	32.5	5.6	9.20	4.70	4.70	2.38	9.96
28	5-13-0048	肉　粉	脱　脂	94.0	54.0	12.0	1.4	—	—	31.6	8.3	7.69	3.88	—	2.20	9.20
29	1-05-0074	苜蓿草粉	一茬盛花期烘干 NY/T 1级	87.0	19.1	2.3	22.7	35.3	7.6	36.7	25.0	1.40	0.51	0.51	0.97	4.06
30	5-11-0005	啤酒糟	大麦酿造副产品	88.0	24.3	5.3	13.4	40.8	4.2	39.4	24.6	0.32	0.42	0.14	2.37	9.92

续附表 1

序号	中国饲料号	饲料名称	饲料描述	干物质%	粗蛋白质%	粗脂肪%	粗纤维%	无氮浸出物%	粗灰分%	中洗纤维%	酸洗纤维%	钙%	总磷%	非植酸磷%	鸡代谢能	
															Mcal/kg	MJ/kg
31	7-15-0001	啤酒酵母	啤酒酵母菌粉,QB/T 1940—94	91.7	52.4	0.4	0.6	33.6	4.7	—	—	0.16	1.02	—	2.52	10.54
32	4-06-0079	蔗　糖		99.0	0.0	0.0	—	—	—	—	—	0.04	0.01	0.01	3.90	16.32
33	4-07-0002	猪　油		99.0	0.0	≥98	0.0	—	—	—	—	0.00	0.00	0.00	9.11	38.11
34	4-07-0005	菜籽油		99.0	0.0	≥98	0.0	—	—	—	—	0.00	0.00	0.00	9.21	38.53
35	4-17-0012	大豆油	粗　制	100.0	0.0	≥99	0.0	—	—	—	—	0.00	0.00	0.00	8.37	35.02

附录二　鸡典型饲料配方

(一)幼雏、育成鸡饲粮配方　见附表2。

附表2　幼雏、育成鸡饲粮配方

项　目		0～8周龄		9～18周龄		19周龄至开产	
		配方1	配方2	配方1	配方2	配方1	配方2
饲料名称及配合比例(%)	玉　米	68.40	58.1	66.0	54.00	64.80	67.20
	麸　皮	—	11.00	14.20	22.00	7.20	3.50
	豆　粕	23.00	—	12.00	—	17.50	22.00
	豆　饼	—	19.90	—	18.00	—	—
	棉　粕	3.50	—	3.00	—	3.00	—
	槐叶粉	—	—	—	3.50	—	—
	鱼　粉	—	6.00	—	—	—	—
	骨　粉	—	2.15	—	—	—	—
	贝壳粉	—	0.50	—	—	—	—
	石　粉	1.20	—	1.20	—	4.20	4.50
	磷酸氢钙	2.00	—	1.50	1.20	1.50	1.50
	膨润土	—	1.00	—	—	—	—
	植物油	0.60	—	0.80	—	0.50	—
	预混料	1.00	1.00	1.00	1.00	1.00	1.00
	食　盐	0.30	0.35	0.30	0.30	0.30	0.30
营养成分	代谢能(兆焦/千克)	11.92	12.10	11.50	11.13	11.29	11.39
	粗蛋白质(%)	19.09	19.05	15.59	15.20	17.01	17.40
	蛋白能量比(克/兆焦)	16.02	15.74	13.56	13.66	15.07	15.28
	钙(%)	1.12	1.06	0.95	0.78	2.02	2.15
	总磷(%)	0.83	—	0.76	0.57	0.73	0.70
	有效磷(%)	0.59	0.46	0.49	—	0.48	0.35
	赖氨酸(%)	0.81	0.97	0.58	0.73	0.69	0.73
	蛋氨酸(%)	0.28	0.35	0.22	0.32	0.24	0.26
	蛋氨酸+胱氨酸(%)	0.57	0.59	0.46	0.63	0.50	0.52

(二)产蛋鸡饲粮配方

1. 产蛋期两阶段(按产蛋周龄分段)饲养饲粮配方 见附录3。

附表 3　产蛋期两阶段饲养饲粮配方

项　目		开产至高峰期(>85%)			高峰期以后(<85%)		种　鸡	
		配方 1	配方 2	配方 3	配方 1	配方 2	配方 1	配方 2
饲料名称及配合比例(%)	玉　米　(%)	66.1	60.00	53.70	63.00	61.00	64.20	51.00
	麸　皮　(%)	—	10.00	—	—	5.00	—	—
	豆　粕　(%)	20.00	—	—	—	—	21.00	18.00
	豆　饼　(%)	—	10.00	28.00	23.80	18.00	—	—
	棉　粕　(%)	2.00	—	—	2.00	—	—	—
	棉　饼　(%)	—	—	—	—	3.00	—	—
	高　粱　(%)	—	—	5	—	—	—	15.00
	菜籽饼　(%)	—	—	1.00	—	4.00	—	—
	葵籽饼　(%)	—	—	1.00	—	—	—	—
	槐叶粉　(%)	—	2.00	2.00	—	—	—	—
	苜蓿粉　(%)	—	—	—	—	—	—	1.00
	鱼　粉　(%)	—	10.00	—	—	—	4.00	5.00
	骨　粉　(%)	—	—	2.50	—	1.70	—	—
	贝壳粉　(%)	—	6.70	5.30	—	—	—	—
	石　粉　(%)	8.30	—	—	8.40	6.00	7.20	7.00
	磷酸氢钙	1.50	—	—	1.50	—	1.50	1.50
	动物油　(%)	—	—	—	—	—	0.80	—
	植物油　(%)	0.80	—	—	—	—	—	0.20
	预混料　(%)	1.00	1.00	1.00	1.00	1.00	1.00	1.00
	食　盐　(%)	0.30	0.30	0.50	0.30	0.30	0.30	0.30

续附表 3

项 目		开产至高峰期（>85%）			高峰期以后（<85%）		种 鸡	
		配方 1	配方 2	配方 3	配方 1	配方 2	配方 1	配方 2
营养成分	代谢能（兆焦/千克）	11.27	11.34	11.26	11.15	10.38	11.43	11.14
	粗蛋白质（%）	16.73	16.50	16.90	15.80	15.30	18.50	18.00
	蛋白能量比（克/兆焦）	14.84	14.55	15.01	14.17	14.74	16.19	16.15
	钙（%）	3.51	3.20	3.46	3.55	3.07	3.27	3.30
	总磷（%）	0.67	0.70	0.65	0.65	0.58	0.77	0.79
	有效磷（%）	0.47	—	—	0.48	—	0.58	0.61
	赖氨酸（%）	0.70	0.91	0.96	0.76	0.69	0.85	0.81
	蛋氨酸（%）	0.25	0.32	0.24	0.24	0.27	0.30	0.30
	蛋氨酸＋胱氨酸（%）	0.51	0.59	0.55	0.50	0.54	0.57	0.54

2. 产蛋期三阶段(按产蛋率分段)饲养饲粮配方 见附表4。

附表4 产蛋期三阶段饲养的饲粮配方

项目		小于65%			65%～80%			大于80%		
		配方1	配方2	配方3	配方1	配方2	配方3	配方1	配方2	配方3
饲料名称及配合比例(%)	玉米	65.5	56.7	66.4	63.5	68.25	60.0	60.0	58.5	45.54
	高粱	—	5.0	—	—	—	—	—	—	—
	大麦	—	15.0	—	—	—	—	—	—	—
	麦麸	7.0	—	4.0	7.98	—	—	5.0	6.0	10.0
	豆饼	14.00	9.0	9.3	15.0	16.0	14.0	18.0	21.0	24.4
	亚麻饼	—	—	10.0	23.80	18.00	—	—	—	—
	菜籽饼	—	—	—	—	—	4.0	—	—	—
	棉籽饼	—	—	—	—	—	3.0	—	—	10.0
	葵花籽饼	—	—	—	—	—	9.2	—	—	—
	苜蓿草粉	—	—	2.00	—	1.5	—	—	—	
	槐叶粉	—	—	—	—	—	1.0	—	—	—
	鱼粉	5.0	5.5	—	6.0	7.0	—	8.0	5.0	
	骨粉	1.0	2.5	1.0	—	—	—	1.0	1.35	1.4
	贝壳粉	—	6.0	—	—	—	—	—	—	—

续附表 4

项目		小于 65%			65%～80%			大于 80%		
		配方 1	配方 2	配方 3	配方 1	配方 2	配方 3	配方 1	配方 2	配方 3
饲料名称及比例（%）	石　粉	7.4	—	7.0	7.5	—	—	8.0	8.0	8.2
	砺壳粉	—	—	—	—	4.0	—	—	—	—
	无机盐添加剂	—	—	—	—	3.0	—	—	—	—
	蛋氨酸	0.1	—	—	0.02	—	0.05	0.01	0.05	0.06
	食　盐	—	0.3	0.3	—	0.25	0.25	—	0.1	0.4
营养成分	代谢能(兆焦/千克)	11.30	11.46	11.41	11.51	11.72	11.08	11.38	11.30	10.58
	粗蛋白(%)	13.7	15.0	13.8	14.8	16.4	16.0	16.8	16.9	19.2
	粗纤维(%)	2.8	2.5	3.6	2.77	2.51	4.0	2.7	2.9	4.7
	钙(%)	2.91	3.26	2.94	3.46	3.40	3.2	3.79	3.58	3.52
	磷(%)	0.52	0.80	0.46	0.65	0.64	0.76	0.70	0.71	0.59
	赖氨酸(%)	0.77	0.77	0.50	0.77	0.86	0.71	0.89	0.87	0.90
	蛋氨酸(%)	0.35	0.30	0.50	0.26	0.53	0.28	0.29	0.26	0.29
	胱氨酸(%)	0.25	0.24	—	0.26	—	0.30	0.20	0.30	0.30

(三)肉用仔鸡饲粮配方

见附表5。

附表5　肉用仔鸡饲料配方

项　目		0～3周龄			4～7周龄		
		配方1	配方2	配方3	配方1	配方2	配方3
饲料名称及配合比例(%)	玉　米	60.71	63.71	31.0	68.1	47.05	51.58
	高　粱	—	—	—	—	15.0	15.0
	碎　米	—	—	30.0	—	—	—
	米　糠	—	—	—	—	2.0	2.0
	豆　饼	14.0	10.0	25.0	20.0	—	—
	豆　粕	—	—	—	—	18.5	17.5
	棉籽饼	15.0	10.0	—	—	—	—
	菜籽饼	—	8.0	—	3.0	—	—
	鱼　粉	9.0	7.0	10.0	7.0	7.0	6.0
	肉骨粉	—	—	—	—	3.0	3.0
	动物油	—	—	1.8	—	6.0	3.8
	骨　粉	0.5	1.0	1.5	—	—	—
	贝壳粉	—	—	0.5	—	—	—
	磷酸氢钙	0.58	0.5	—	1.6	0.7	0.3
	碳酸钙	—	—	—	—	0.4	0.5
	蛋氨酸	0.11	0.14	—	—	0.1	0.07
	赖氨酸	0.1	0.16	—	—	—	—
	食　盐	—	0.1	0.2	0.3	0.25	0.25

续附表 5

项目		0～3周龄			4～7周龄		
		配方1	配方2	配方3	配方1	配方2	配方3
营养成分	代谢能(兆焦/千克)	12.41	12.28	12.83	12.75	13.59	13.18
	粗蛋白质(%)	24.0	21.5	21.3	19.8	20.40	19.70
	粗纤维(%)	4.3	4.21	2.4	2.80	2.50	2.40
	钙(%)	0.89	0.91	1.21	0.90	1.11	0.99
	磷(%)	0.63	0.06	0.71	0.73	0.80	0.70
	赖氨酸(%)	1.29	1.49	0.96	1.04	1.01	0.95
	蛋氨酸(%)	0.47	0.5	0.42	0.32	0.40	0.35
	胱氨酸(%)	0.30	0.35	0.09	0.30	0.30	0.31

附录三　小型商品蛋鸡场计划免疫程序

见附表6。

附表 6　小型商品蛋鸡场计划免疫程序

序号	日龄	疫苗(菌苗)名称	用法及用量	备注
1	1	鸡马立克氏病疫苗	按瓶签说明,用专用稀释液,皮下注射	在孵化场进行
2	3～5	鸡传染性支气管炎 H_{120} 苗	滴鼻或加倍剂量饮水	
3	8～10	鸡新城疫Ⅱ系、Ⅳ系疫苗	滴鼻、点眼或喷雾	
4	14～15	禽流感疫苗首免	肌内注射,具体操作可参照瓶签说明	

续附表 6

序号	日龄	疫苗(菌苗)名称	用法及用量	备注
5	16～17	鸡传染性法氏囊病疫苗(中等毒力)	滴鼻或加倍剂量饮水	
6	23～25	鸡传染性法氏囊病疫苗(中等毒力)	滴鼻或加倍剂量饮水,剂量可适当加大	
7	30～35	鸡新城疫Ⅳ系疫苗	滴鼻或加倍剂量饮水,剂量可适当加大	
8	36～38	禽流感疫苗加强免疫	肌内注射,具体操作可参照瓶签说明	
9	45～50	鸡传染性支气炎 H_{52} 苗	滴鼻或加倍剂量饮水	
10	60～65	鸡新城疫Ⅰ系疫苗	滴鼻或加倍剂量饮水	
11	70～80	鸡痘弱毒苗	参照瓶签说明刺种	发病早的地区可于 7～21 日龄和产蛋前各刺种 1 次
12	100～110	禽霍乱蜂胶灭活苗、鸡新城疫Ⅰ系苗	两种苗同时肌内注射于胸肌两侧各 1 针,Ⅰ系苗可用 1.5～2 倍量	产蛋前如不用Ⅰ系苗,而用新城疫油乳剂疫苗饮水,则效果更好
13	110～130	禽流感疫苗加强免疫	肌内注射,具体操作可参照瓶签说明	
14	120～130	鸡减蛋综合征油佐剂灭活苗	皮下或肌内注射,具体可参照瓶签说明	

猪良种引种指导 7.50元
瘦肉型猪饲养技术(修订版) 6.00元
猪饲料科学配制与应用 9.00元
中国香猪养殖实用技术 5.00元
肥育猪科学饲养技术(修订版) 10.00元
小猪科学饲养技术(修订版) 7.00元
母猪科学饲养技术 6.50元
猪饲料配方700例(修订版) 9.00元
猪瘟及其防制 7.00元
猪病防治手册(第三次修订版) 13.00元
猪病诊断与防治原色图谱 17.50元
养猪场猪病防治(修订版) 12.00元
养猪场猪病防治(第二次修订版) 17.00元
猪繁殖障碍病防治技术(修订版) 7.00元
猪病针灸疗法 3.50元
猪病中西医结合治疗 12.00元
猪病鉴别诊断与防治 9.50元
断奶仔猪呼吸道综合征及其防制 5.50元
仔猪疾病防治 9.00元
养猪防疫消毒实用技术 6.00元
猪链球菌病及其防治 6.00元
猪细小病毒病及其防制 6.50元
猪传染性腹泻及其防制 8.00元
猪圆环病毒病及其防治 6.50元
猪附红细胞体病及其防治 5.00元
猪伪狂犬病及其防制 9.00元
图说猪高热病及其防治 10.00元
实用畜禽阉割术(修订版) 8.00元
新编兽医手册(修订版)(精装) 37.00元
兽医临床工作手册 42.00元
畜禽药物手册(第三次修订版) 53.00元
兽医药物临床配伍与禁忌 22.00元
畜禽传染病免疫手册 9.50元
畜禽疾病处方指南 53.00元
禽流感及其防制 4.50元
畜禽结核病及其防制 8.00元
养禽防控高致病性禽流感100问 3.00元
人群防控高致病性禽流感100问 3.00元
畜禽营养代谢病防治 7.00元
畜禽病经效土偏方 8.50元
中兽医验方妙用 8.00元
中兽医诊疗手册 39.00元
家畜旋毛虫病及其防治 4.50元

家畜梨形虫病及其防治　4.00元
家畜口蹄疫防制　8.00元
家畜布氏杆菌病及其防制　7.50元
家畜常见皮肤病诊断与防治　9.00元
家禽防疫员培训教材　7.00元
家禽常用药物手册(第二版)　7.20元
禽病中草药防治技术　8.00元
特禽疾病防治技术　9.50元
禽病鉴别诊断与防治　6.50元
常用畜禽疫苗使用指南　15.50元
无公害养殖药物使用指南　5.50元
畜禽抗微生物药物使用指南　10.00元
常用兽药临床新用　12.00元
肉品卫生监督与检验手册　36.00元
动物产地检疫　7.50元
动物检疫应用技术　9.00元
畜禽屠宰检疫　10.00元
动物疫病流行病学　15.00元
马病防治手册　13.00元
鹿病防治手册　18.00元
马驴骡的饲养管理(修订版)　8.00元
驴的养殖与肉用　7.00元
骆驼养殖与利用　7.00元
畜病中草药简便疗法　8.00元
畜禽球虫病及其防治　5.00元
家畜弓形虫病及其防治　4.50元
科学养牛指南　29.00元
养牛与牛病防治(修订版)　6.00元
奶牛场兽医师手册　49.00元
奶牛良种引种指导　8.50元
肉牛良种引种指导　8.00元
奶牛肉牛高产技术(修订版)　7.50元
奶牛高效益饲养技术(修订版)　11.00元
怎样提高养奶牛效益　11.00元
奶牛规模养殖新技术　17.00元
奶牛高效养殖教材　4.00元
奶牛养殖关键技术200题　13.00元
奶牛标准化生产技术　7.50元
奶牛疾病防治　10.00元

以上图书由全国各地新华书店经销。凡向本社邮购图书或音像制品，可通过邮局汇款，在汇单“附言”栏填写所购书目，邮购图书均可享受9折优惠。购书30元(按打折后实款计算)以上的免收邮挂费，购书不足30元的按邮局资费标准收取3元挂号费，邮寄费由我社承担。邮购地址：北京市丰台区晓月中路29号，邮政编码：100072，联系人：金友，电话：(010)83210681、83210682、83219215、83219217(传真)。